中華教育

中國兒童
太空百科全書

CHINESE CHILDREN'S
ENCYCLOPEDIA OF SPACE

中國航天
SPACE FLIGHT OF CHINA

中國兒童太空百科全書編委會 編著

中國兒童
太空百科全書
|中國航天|

責任編輯：楊　歌
裝幀設計：龐雅美
排　　版：龐雅美
印　　務：劉漢舉

編著
中國兒童太空百科全書編委會

出版
中華教育
香港北角英皇道 499 號北角工業大廈 1 樓 B
電話：(852) 2137 2338　傳真：(852) 2713 8202
電子郵件：info@chunghwabook.com.hk
網址：http://www.chunghwabook.com.hk

發行
香港聯合書刊物流有限公司
香港新界荃灣德士古道 220-248 號 荃灣工業中心 16 樓
電話：(852) 2150 2100　傳真：(852) 2407 3062
電子郵件：info@suplogistics.com.hk

印刷
美雅印刷製本有限公司
香港觀塘榮業街 6 號海濱工業大廈 4 字樓 A 室

版次
2020 年 12 月第 1 版第 1 次印刷
©2020 中華教育

規格
16 開（285mm x 210mm）

ISBN
978-988-8676-66-8

致小讀者

每當夜幕籠罩着大地
星星就闖進了你我的視線
似乎近在眼前
卻又遠在天邊

不知那搗藥的玉兔是否依然在忙碌
不知那外星的生命是否徘徊在空間
那看似空空蕩蕩的大宇
充滿了誘人的謎團

從餘音裊裊的宇宙大爆炸
到不期而遇的小行星撞擊地面
從遠古的飛天幻想
到現代的登月夢圓
那看似風平浪靜的蒼穹
一直有神話故事在上演

浩渺太空
施展着神祕的自然法力
偉大人類
抒寫着壯美的探索詩篇

今天翻開這部「天書」
踏進那觸手可及的深邃世界
明天的你也許將飛往外星
與那裏的居民進行一場友好談判

歐陽自遠

本書導讀

石磊
中國航天報社原總編輯

像你這麼大時，我曾在灑滿月光的小院裏，聽奶奶講嫦娥奔月的神話故事。長大後，我們帶着兒時的美好願望，將「嫦娥四號」探測器送到了神祕的月球背面。繼承着古人的探索精神，一代代中國航天人自力更生，艱苦奮鬥，抒寫了壯美的探索詩篇。你現在讀的這本書包含了中國自主研製的運載火箭、人造衛星、載人飛船和月球探測器等太空知識，帶你走進中國航天史的「博物館」，守護每一個中國少年的航天夢，陪伴你成長。打開這本奇妙的「天書」，跟我一起探索宇宙中蘊藏的未知與神祕吧！

● 知識主題

每個展開頁的標題都是一個知識主題，圍繞中國自主研製的運載火箭、人造衛星、載人飛船和月球探測器展開介紹，帶你丈量中國人探索太空的腳步。

● 知識點

每個知識主題下都有 1 ~ 6 個知識點，詳細講解相關的航天器構造、工作原理和航天歷史等基礎知識。在這裏，你還可以認識中國探月工程的最新進展，與「嫦娥四號」探測器一起探索月球背面。

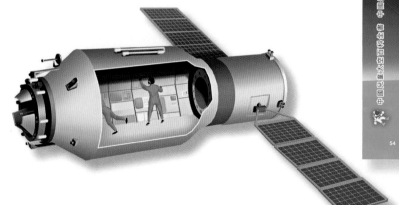

「神舟」載人飛船

「神舟」飛船是中國自主研製的載人飛船系列。1999 年 11 月，「神舟一號」飛船成功進行了首次無人飛行試驗；2003 年 10 月，「神舟五號」飛船成功實施載人飛行。截至 2018 年底，中國已成功發射「神舟一號」至「神舟十一號」共 11 艘飛船，其中載人任務 6 項，無人任務 5 項。「神舟」飛船目前已完成地球軌道航天員安全往返、空間出艙活動、空間交會對接等任務，還進行了空間材料實驗、空間環境探測等工作。

安全繩索
出艙門
舷窗
攝像機及照明設備

「神舟七號」結構示意圖

「神舟」載人飛船的結構

「神舟」飛船由推進艙、返回艙和軌道艙三個艙段組成。推進艙不乘坐人，主要功能是提供電源和動力，飛船所需要的電、氣、液和推進劑也都由它供給，相當於飛船的「後勤總管」。返回艙和軌道艙是航天員的辦公室兼臥室。返回艙是航天員的座艙和整個飛船的控制中心，也是飛船唯一可以返回着陸的艙段。軌道艙內裝有各種實驗儀器和設備，與返回艙相連。它有點像「多功能廳」，既是航天員工作、吃飯、睡覺、娛樂、洗漱和上廁所的場所，也可作為航天員出艙時使用的氣閘艙。

伴飛小衛星
氧瓶

舒適的小家

在太空中，航天員的體姿介於坐和站立之間，經常是「駝背」姿勢。因此，飛船上所有的扶手、操作台的設計，以及releae桿與儀錶控制台的距離，都不是按地面上人的坐姿和站姿的高度計算的，而是以「駝背」姿勢的高度為依據。為防止磕傷航天員，飛船裏的「家具」邊沿為圓角。船上所有的電源插座都有防錯設計，如果不小心插錯了插頭，插座會「一口」回絕你。飛船操作台上的按鈕和開關都做得比地面上的大，相互間的間隙也很大，以免航天員戴手套時觸摸不方便。一些重要的按鈕，側需追設置了安全繩，即便誤碰也沒有關係。

返回艙裏最多有 3 個座椅。對面是整塊儀錶板和按鈕，航天員不需要抬頭或低頭，就能很舒服地觀察和操作。兩側主顯示屏既可互為備份，也可顯示不同內容，旁邊 6 個小顯示屏顯示的是飛船的各種數據。

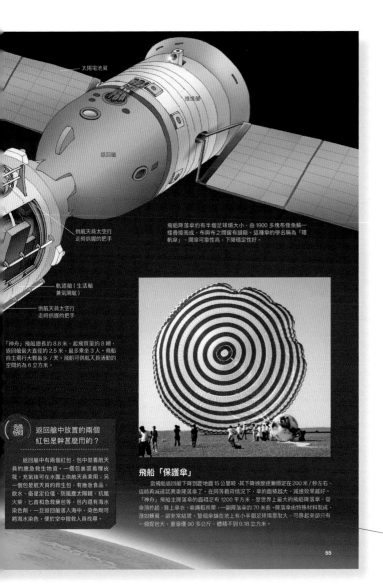

●星名片

中國航天史上重要的科學家向你「遞來」了名片，你可以通過名片上的信息進一步了解他們的成就和著作，說不定將來你也能代表中國遨遊天際呢。

●圖片

每個展開頁會有多幅圖片。你可以看到來自中國科研機構、新華通訊社等權威機構的最新攝影圖片，「近距離」地觀察氣勢非凡的火箭和神祕的月球表面。書中還有專業繪製的示意圖、結構圖和圖表，助你理解航天器的構造和工作原理。

●奇思怪問

像你一樣熱愛天文、航天的孩子們提出了他們最感興趣的問題，航天專家們在這裏給出了答案，你可以看到他們如何用專業的知識破解「腦洞大開」的難題。跟隨書中的內容大膽思考，也許你的下一個提問能幫助科學家早日建成月球基地。

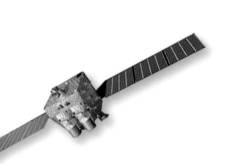

CONTENTS
目錄

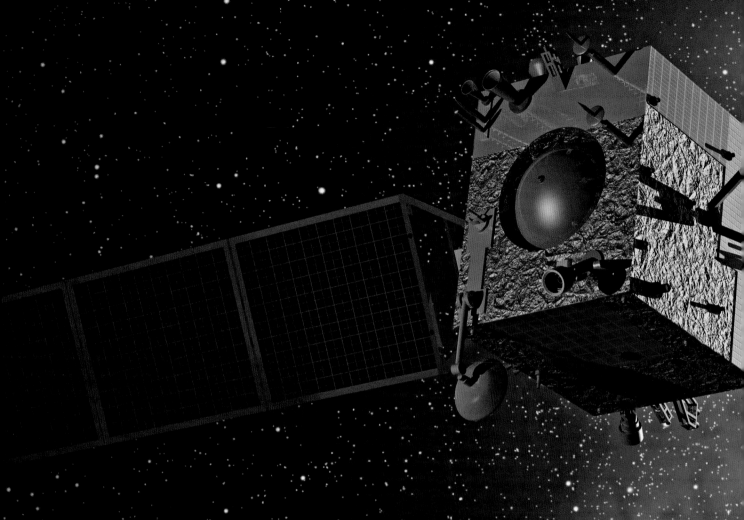

中國航天

SPACE FLIGHT OF CHINA

中國飛天第一人楊利偉乘「神舟五號」載人飛船在太空飛行時，在工作日誌的背面寫道：「為了人類的和平與進步，中國人來到了太空。」

從「8公里」起步

上海市南匯縣老港鎮有一個名不見經傳的臨海小村——東進村。1960年2月19日，中國第一枚探空火箭在這個小村旁的灘塗地裏成功發射。5月28日，毛澤東主席在上海視察了這枚火箭，他詢問道：「這火箭能飛多高？」工作人員回答：「設計指標為8公里。」毛主席說：「8公里，那也了不起。應該8公里、20公里、200公里地搞上去！」帶着鼓勵與信心，中國航天探索的旅程起步了。

實事求是的航天起步

1957年，蘇聯發射了世界上第一顆人造地球衛星，美國也於1958年將「探險者1號」衛星送上太空。不甘落後的中國也計劃發射人造衛星。但當時的中國還不具備發射衛星的條件。在火箭技術專家錢學森的建議下，中國科學院調整了工作計劃，決定從研製探空火箭起步。探空火箭具有研製週期短、成本低、簡單可靠等特點，主要用於氣象探測、地球和天文物理研究、生物搭載試驗等。早期探空火箭的研製為中國的航天事業打下了良好的基礎。

毛澤東主席視察「T-7M」探空火箭

「T-7M」探空火箭

「T-7M」火箭是中國自主研發的第一枚探空火箭，由液體燃料火箭和固體燃料助推器串聯組成，全長5.3米，直徑為25厘米，起飛質量為190公斤，主發動機推力為226公斤，無控制系統，可以攜帶十幾公斤的有效載荷，飛行高度為8～10公里。火箭在彈道頂點附近頭體分離，分別用降落傘回收，箭頭內有測量各種工程參數的遙測系統。在「T-7M」火箭研製成功的基礎上，中國繼續研製了「T-7」和「T-7A」探空火箭，「T-7A」火箭可攜帶40公斤的有效載荷，飛到高達115公里的高空。

由於缺少專業的加注設備，科研人員只能用自行車打氣筒為「T-7M」火箭加注推進劑。

第一枚「T-7」探空火箭

探空火箭發射場

為了發射和回收體積更大的探空火箭，1960 年 7 月，火箭研製團隊從上海轉移到了安徽省廣德縣一片荒無人煙的丘陵山區中。新設計的 52 米籠式發射架由江南造船廠協作加工而成。為方便發射架進出，國家還專門修築了一條 8 公里長的道路。1960 年～1963 年，「T-7」火箭在廣德發射場共發射了 11 次，生物火箭也均在此發射。現在，安徽廣德發射場已成為重要的文物保護單位，陳列着許多珍貴的航天歷史資料。

1963 年 12 月 22 日，中國第一枚「T-7A」探空火箭在安徽廣德發射場成功發射。

現在，52 米發射架仍矗立在安徽廣德發射場遺址內。

用於發射「T-7M」火箭的上海發射場條件簡陋，指揮室僅用泥土沙袋壘成。

生物火箭

探空火箭研製成功後，科研人員大膽提出可利用探空火箭進行動物發射和回收試驗，並將「T-7A」探空火箭改裝為生物火箭。生物火箭的箭頭包括密封生物艙和回收艙，生物艙中有生命保障系統、磁記錄系統、攝影系統等。生物試驗的主要目的是研究高空環境對生物的影響，考驗生物艙的設計合理性和工作可靠性。中國的生物火箭成功發射了果蠅、白鼠、小狗等生物，為日後的載人航天工程積累了寶貴的經驗。

升空試驗之前，名叫「小豹」的小狗在接受振動訓練。

小狗飛天

1966 年 7 月 15 日，「T-7A(S2)」生物火箭裝載着小狗「小豹」，騰雲駕霧躥上 70 公里的高空。24 分鐘後，回收艙成功着陸。回收隊員將安然無恙的「小豹」高高舉起，歡呼中國生物火箭的成功。13 天後，小狗「珊珊」也乘生物火箭飛向藍天，並安全返回了地面。「小豹」和「珊珊」經歷了嚴格的篩選，接受了特殊環境下的多項訓練。飛天前，科研人員將記錄血壓和心電的有關器件植入了小狗體內，記錄牠們的身體狀態。

名人名片

錢學森
1911 年～ 2009 年
國籍：中國
領域：空氣動力學、航空工程學、物理力學等。
成就：主持完成國家「噴氣和火箭技術的建立」規劃，組建中國第一個火箭、導彈研究機構，直接領導、參與了中國近程導彈、中近程導彈和第一顆人造地球衛星的研製等。
著作：工程控制論、物理力學講義、星際航行概論等。

「長征」系列運載火箭

「長征」系列運載火箭是中國自主研製的航天運載工具。截至 2019 年 3 月 10 日，「長征」系列運載火箭已飛行 300 次，成功將 500 多個航天器送入預定軌道，發射成功率達到世界先進水平。「長征」系列運載火箭中有使用常規推進劑的「長征一號」「長征二號」「長征三號」「長征四號」系列十多種型號的火箭，有新一代使用液體推進劑的「長征五號」「長征六號」「長征七號」系列運載火箭，有使用固體推進劑的「長征十一號」火箭，還有正在研製的「長征八號」「長征九號」火箭等。

「長征三號」A 系列運載火箭

「長征三號」A 系列運載火箭包括「長征三號」A、B、C 三種型號，均為一級、二級發動機採用常規推進劑，第三級發動機採用液氫 / 液氧推進劑的三級液體火箭。這一系列火箭主要承擔通信衛星、「北斗」導航衛星、高軌道氣象衛星和月球探測器的發射任務。其中，「長征三號」B 火箭全長 54.838 米，最大直徑為 3.35 米，地球同步轉移軌道運載能力 5.4 噸，是目前中國高軌道運載能力最大的火箭，可執行一箭多星的發射任務。

「遠征一號」上面級

「遠征一號」上面級是「長征」火箭上增加的一級小火箭。在運載火箭將衛星和上面級送至一定軌道後，「遠征一號」能夠自主飛行和多次點火啟動，像機場擺渡車一樣將一個或多個航天器送入不同的最終運行軌道，因此也被稱為「太空擺渡車」。

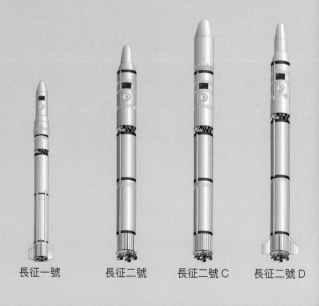

長征一號　　長征二號　　長征二號 C　　長征二號 D

「長征二號」系列運載火箭

　　「長征二號」運載火箭為兩級液體火箭，用於發射低軌道航天器。它是中國運載火箭的基礎型號，研究人員以這個火箭為原型，先後研製出「長征二號」C、「長征二號」D、「長征二號」E、「長征二號」F火箭，形成「長征二號」系列運載火箭。目前，「長征二號」和「長征二號」E火箭已經退役，其他火箭仍在使用中。

1987年8月5日，「長征二號」C火箭為法國馬特拉公司成功搭載微重力試驗裝置。

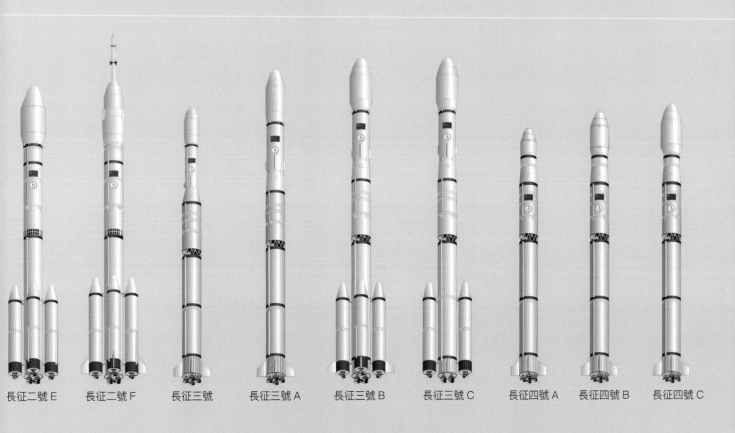

長征二號 E　　長征二號 F　　長征三號　　長征三號 A　　長征三號 B　　長征三號 C　　長征四號 A　　長征四號 B　　長征四號 C

中國航天員的「坐騎」

　　「長征二號」F 火箭是中國唯一用於載人飛行的火箭。由於「人命關天」，所以對它的可靠性和安全性要求非常高。發射載人飛船的火箭，其可靠性必須達到 97% 以上，安全性要達到 99.7% 以上，即火箭發射 100 次，失敗不能超過 3 次，而在這 3 次失敗發射中，危及航天員安全事故的概率要小於 0.3%。截至 2018 年底，「長征二號」F 火箭共發射過 13 次，將 11 艘「神舟」飛船及「天宮一號」目標飛行器和「天宮二號」空間實驗室送上了太空。

2011 年 9 月 20 日，酒泉衛星發射中心垂直總裝測試廠內，「天宮一號」目標飛行器和「長征二號」F 運載火箭在進行總裝測試。

「長征二號」F 火箭	
火箭級數	2
全長 / 米	58.34
芯級直徑 / 米	3.35
起飛質量 / 噸	480
起飛推力 / 千牛	5923
近地軌道運載能力 / 公斤	8100

「長征二號」F 火箭吊裝

故障檢測處理系統

　　「長征二號」F 火箭與其他不載人的火箭相比，有兩個高智商的「絕活」。第一個絕活稱為「故障檢測處理系統」，相當於一個高明的火箭體檢醫生。它在火箭發射前 30 分鐘開始工作，對火箭進行全面體檢。一旦檢查出火箭哪個部位有故障，它就會自動報警，迅速向逃逸系統和控制系統發出逃逸指令和火箭中止飛行指令，啟動逃逸飛行器點火程序，並將信息通知給航天員和地面故障診斷系統。它最大的本事在於既不會「漏逃」，也不會「誤逃」。

奇思怪問　載人火箭的逃逸系統使用過嗎？

　　逃逸系統在載人航天史上僅使用過兩次。1983 年 9 月 26 日，蘇聯發射「聯盟 T10A」飛船。運載火箭發射前，推進劑管路中有一個閥門失靈，致使燃料泄漏，火箭底部起火。逃逸系統迅速把飛船從即將爆炸的火箭上分離，牽引到 4 公里以外的地方降落，航天員死裏逃生。另一次事件發生於 2018 年 10 月 11 日，俄羅斯「聯盟 FG」運載火箭在發射時突然發生故障，逃逸系統自動啟動，兩位航天員得以生還。

逃逸系統

　　「長征二號」F 火箭的第二個絕活體現在「逃逸系統」上。就像所有的海輪都要攜帶救生艇一樣，載人火箭也要帶上航天員的「救生艇」。「逃逸系統」就是「長征二號」F 火箭的「救生艇」，它的任務是在火箭起飛前 30 分鐘到起飛後 120 秒時間段內，飛行高度在 0～39 公里時，一旦故障檢測處理系統報警，它就會拽着飛船與火箭分離，飛到一定高度時把航天員乘坐的返回艙分離出來。返回艙在下降過程中打開降落傘，安全着陸。

　　逃逸系統主要由逃逸塔和高空逃逸發動機組成。火箭發射後 120 秒內（高度在 0～39 公里），一旦發生意外，逃逸塔逃逸主發動機點火工作，可在 3 秒內把飛船返回艙拽到 1500 米外，幫助航天員逃生。若火箭發射 120 秒後至 200 秒（高度在 39～110 公里，此時逃逸塔已經拋掉）時再遇不測，4 台高空逃逸發動機會同時點火，帶着航天員脫離險境。

新一代運載火箭

　　新一代運載火箭是為了提升中國航天運載能力而研製的火箭系列，包括「長征五號」系列運載火箭，以及衍生的「長征六號」「長征七號」運載火箭等。新一代運載火箭更加安全環保，製造和發射週期更短、成本更低，可靠性也更高。新一代運載火箭的運載能力覆蓋近地軌道 1～25 噸、地球同步轉移軌道 1～14 噸，能夠滿足載人航天後續工程、探月工程等國家重大科技項目，以及其他軍用、民用和商用航天器的發射需求。正在研發中的「長征九號」重型運載火箭，也將在未來的載人登月、火星探測等任務中「大顯身手」。

「長征九號」運載火箭模擬圖

「長征五號」運載火箭

　　「長征五號」是中國的新一代大型運載火箭，也是目前國內最大的運載火箭。火箭直徑 5 米，「體重」867 噸，相當於 15 架波音 737 客機質量的總和，所以被稱為「胖五」。「長征五號」不僅個頭大，力氣也驚人，能把 25 噸有效載荷送入近地軌道，把 14 噸有效載荷送入地球同步轉移軌道。它將把空間站艙段、大型衛星、「嫦娥五號」月球探測器、火星探測器等送入太空。2020 年 7 月 23 日，「長征五號」遙四運載火箭托舉著中國首個火星探測器「天問一號」，在中國文昌航天發射場點火升空 。 11 月 24 日，「長征五號」遙五運載火箭順利將「嫦娥五號」探測器送入預定軌道。

「長征五號」運載火箭轟立在文昌航天發射場的發射台上

「長征六號」運載火箭

「長征六號」是小型液體三級運載火箭，700公里高度太陽同步軌道運載能力約500公斤。「長征六號」火箭的製造成本低、可靠性高、適應性強、安全性好，有許多新技術是首次在中國應用。2015年9月20日，「長征六號」首次發射成功，將20顆微小衛星送入預定軌道，發射的衛星數量和種類之多創造了「長征」運載火箭的發射紀錄，這也是中國新一代運載火箭的首次成功發射。

「長征七號」運載火箭

為滿足發射貨運飛船及未來載人航天的長遠需求，中國研製了高可靠、高安全的「長征七號」中型運載火箭。「長征七號」為捆綁四個助推器的二級火箭，採用液氧／煤油發動機。全箭總長53.1米，起飛重量594噸，起飛推力727噸，可將重14噸的航天器送入近地點高度200公里、遠地點高度400公里的近地軌道。

「長征九號」運載火箭

「長征九號」是中國正在研製的重型運載火箭，芯級直徑10米，全高90多米，初步設計的運載能力為近地軌道最高140噸，地月轉移軌道約50噸。目前，「長征九號」火箭已經完成基礎性技術預研，大推力液氫／液氧發動機、液氧／煤油發動機、大直徑箭體結構等關鍵技術攻關已取得重大突破，計劃於2028年進行首次飛行試驗。隨後，「長征九號」火箭將被用於大規模深空探測，還將把中國航天員送上月球。

積木式火箭

新一代運載火箭系列採用了世界上目前普遍推行的「模塊化」「通用化」「系列化」設計理念，將火箭設計成若干個單元。發射時可以根據不同需要，進行不同方式的組合，像搭積木一樣拼裝成多種不同的火箭，用以執行不同的發射任務，這樣能夠降低發射成本，火箭拼裝也更加靈活。中國新一代運載火箭系列共有「三個模塊」，包括直徑5米、3.35米和2.25米三種箭體結構。「長征五號」以直徑5米模塊為芯級，四周可捆綁3.35米和2.25米兩種模塊的助推器。「長征六號」的第一級使用直徑3.35米模塊，二級、三級使用直徑2.25米模塊。「長征七號」的一級、二級均使用了直徑3.35米模塊。

2015年9月20日，「長征六號」運載火箭在太原衛星發射中心首次發射成功。

「長征七號」運載火箭集裝箱在海南文昌清瀾港卸船

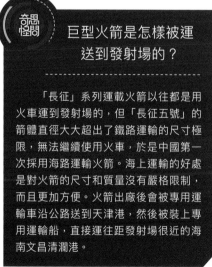

奇思怪問 巨型火箭是怎樣被運送到發射場的？

「長征」系列運載火箭以往都是用火車運到發射場的，但「長征五號」的箭體直徑大大超出了鐵路運輸的尺寸極限，無法繼續使用火車，於是中國第一次採用海路運輸火箭。海上運輸的好處是對火箭的尺寸和質量沒有嚴格限制，而且更加方便。火箭出廠後會被專用運輸車沿公路送到天津港，然後被裝上專用運輸船，直接運往距發射場很近的海南文昌清瀾港。

新一代運載火箭的「心臟」

火箭發動機好比火箭的「心臟」，它通過推進劑在燃燒室內燃燒，形成高溫高壓燃氣，產生反作用力推動火箭飛行。「長征五號」共使用了 3 種 12 台新型液體火箭發動機：芯一級火箭配裝兩台新型液氫 / 液氧發動機，每台地面起飛推力為 50 噸；芯二級配裝兩台另一種新型液氫 / 液氧發動機，每台真空推力為 9 噸。4 枚助推器配裝 8 台大推力液氧 / 煤油發動機，每台起飛推力為 120 噸。有了這組強勁的「心臟」，「長征五號」才得以成為一個強健的「大力士」，能把質量相當於 16 輛小汽車的有效載荷送上近地軌道。

火箭推進劑

火箭推進劑是為火箭發動機提供能源的物質，包括氧化劑和燃料劑兩種。「長征五號」發動機的推進劑採用的是液氫、液氧和煤油。液氫和液氧是蘇聯的航天先驅齊奧爾科夫斯基早在 1903 年就提出的最理想的推進劑，它們不僅具有安全、環保、便宜的優點，而且比推力高，是兩種性能優異的低溫推進劑。煤油和液氧燃燒後生成水和二氧化碳，比常規推進劑安全。

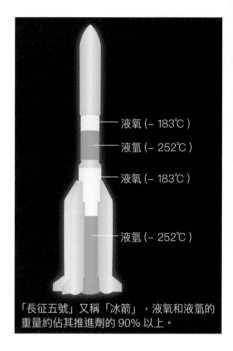

液氧（－183℃）
液氫（－252℃）
液氧（－183℃）
液氫（－252℃）

「長征五號」又稱「冰箭」，液氧和液氫的重量約佔其推進劑的 90% 以上。

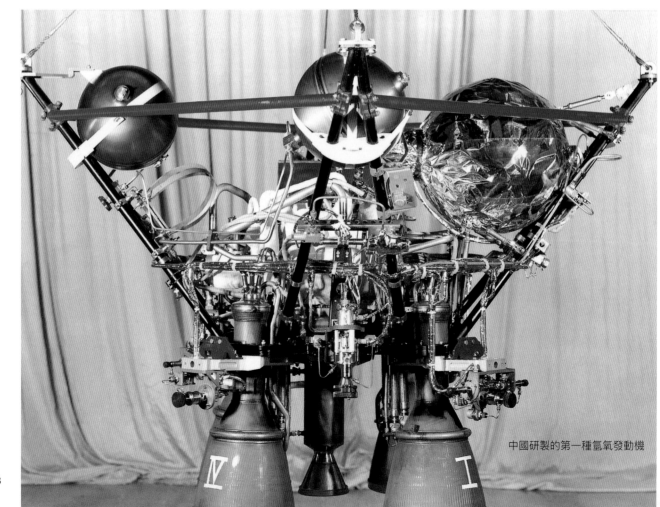

中國研製的第一種氫氧發動機

「長征二號」F 運載火箭使用四氧化二氮和偏二甲肼作為推進劑，這兩種物質有毒，因此火箭發射過程中的滾滾濃煙會造成環境污染。

「長征五號」運載火箭使用了液氫、液氧和煤油作為推進劑，燃燒後產生的氣體大部分為水汽和二氧化碳，更加安全。

「YF–77」大推力液氫 / 液氧發動機被應用於「長征五號」火箭芯一級

「YF–75D」液氫 / 液氧發動機被應用於「長征五號」火箭芯二級

「YF–100」液氧 / 煤油發動機被應用於「長征五號」「長征六號」「長征七號」火箭

液氧 / 煤油發動機

中國液氧 / 煤油發動機的研製工作始於 1990 年，2012 年 5 月成功通過驗收。液氧 / 煤油發動機高約 3 米，重約 1.9 噸，燃燒室工作壓力達 500 個大氣壓；它的比推力比現役發動機提高了 15% ～ 20%。2015 年 9 月 20 日，液氧 / 煤油發動機被用於「長征六號」火箭，獲得圓滿成功。隨後，8 台液氧 / 煤油發動機配裝於「長征五號」的火箭助推器，提供了總計約 970 噸的起飛推力。目前正在為「長征九號」重型火箭研製的新型液氧 / 煤油發動機的推力將高達 480 噸。

液氫 / 液氧發動機

液氫 / 液氧發動機採用液氫和液氧作為推進劑。1963 年，世界上第一種液氫 / 液氧發動機被安裝在美國的「宇宙神－半人馬座」火箭上，並獲得了成功。後來，「土星五號」的第二級、三級火箭也採用了這種發動機。繼美國之後，法國、中國、日本、蘇聯等國也成功地採用了液氫 / 液氧發動機。1984 年，中國的第一樘液氫 / 液氧發動機隨「長征三號」火箭發射成功。「長征五號」採用的大推力液氫 / 液氧發動機的推力達 50 噸。未來的「長征九號」重型火箭的液氫 / 液氧發動機，推力將高達 220 噸。

新一代運載火箭總裝廠

位於天津濱海新區的新一代運載火箭產業化基地是中國大火箭的總裝廠。這片廠區佔地面積約 114 萬平方米,總建築面積為 50 萬平方米,是一個功能俱全、設施完備的大型科技園。園內包括指揮研發、基礎加工、部段配裝、總裝測試和原材料供應等功能區,可以滿足新一代運載火箭的生產需要,至今已多次圓滿完成火箭所需的推進劑貯箱、有效載荷整流罩等大型箭體結構的製造,以及靜力試驗和總裝總測任務。

「長征五號」進入全箭振動試驗塔

在火箭產業化基地的示意圖中找找看,「胖五」的身影在哪裏?

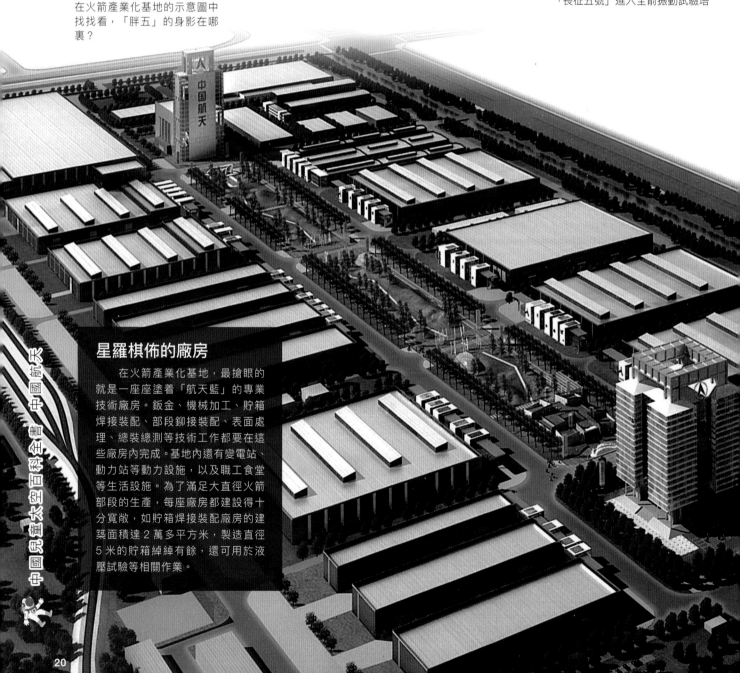

星羅棋佈的廠房

在火箭產業化基地,最搶眼的就是一座座塗着「航天藍」的專業技術廠房。鈑金、機械加工、貯箱焊接裝配、部段鉚接裝配、表面處理、總裝總測等技術工作都要在這些廠房內完成。基地內還有變電站、動力站等動力設施,以及職工食堂等生活設施。為了滿足大直徑火箭部段的生產,每座廠房都建設得十分寬敞,如貯箱焊接裝配廠房的建築面積達 2 萬多平方米,製造直徑 5 米的貯箱綽綽有餘,還可用於液壓試驗等相關作業。

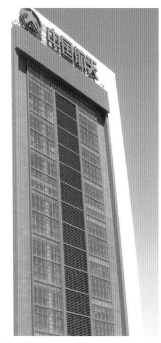

全箭振動試驗塔

全箭振動試驗塔

全箭振動試驗塔是基地內最高大的標誌性建築。振動塔高達 93 米，相當於 30 多層的住宅樓，總建築面積約 1 萬平方米，容積 1.8 萬立方米，塔頂由鋼筋混凝土澆築而成，重 2600 噸，塔的樁基深達地下 40 多米。塔內裝有 9 層固定平台、8 層活動平台，以及 100 噸的大型橋式吊車。

火箭研製設備

在基地裏，壯觀氣派的大型機床隨處可見，最有代表性的是箱體環縫焊接裝配系統這個「巨無霸」。這台俗稱「大型架」的工藝裝備是「長征五號」火箭研製中的核心設備，主要用於大火箭貯箱的焊接裝配。它的形狀好像一台巨大的落地車床，寬 11 米，長 47 米，總重 500 噸，是航天飛機液氫箱和液氧箱兩個焊接型架之和的 1.7 倍。由八輛重型運輸車、吊車和挖掘機組成的車隊，在警車的護衛下走了 20 多天，才把這個「鋼鐵巨人」從齊齊哈爾安全運到天津。

利用「大型架」焊接二級火箭貯箱

火箭總裝總測廠房

火箭基地建築面積最大的廠房是火箭總裝總測廠房，火箭將在這裏誕生。廠房內分為總體裝配、總裝測試、聲振試驗、電氣試驗等功能區，它們的主要任務是把火箭系統中的設備、儀器、活門、導管、電纜、附件等按照設計要求總裝到預定位置，形成一枚完整的運載火箭。總裝完成後還要在這裏對火箭進行總測試，為火箭出廠和發射提供可靠依據。「長征五號」火箭的總裝改變了以往使用傳統手工作業對接的方式，第一次應用了數字化自動對接技術。

第一枚「長征五號」火箭在總裝廠房

中國航天發射場

　　航天發射場又稱航天發射中心，是發射航天器的特定區域，能夠為運載火箭發射航天器提供發射前準備、發射、測控通信和氣象保障等支持。選擇發射場場址時，要考慮地質情況、氣候條件、地理緯度、場地面積、發射方向安全性、應急着陸場以及交通運輸和水源情況。目前，全世界正在使用的航天發射場共有 18 個，中國正在使用的航天發射場共有 4 個，分別是酒泉衛星發射中心、太原衛星發射中心、西昌衛星發射中心和文昌航天發射場。

航天發射場的使命

　　航天發射場首先應完成運載火箭和航天器發射前的各項裝配、測試、通信、氣象及推進劑加注等技術準備工作，實施測試、發射過程的組織指揮以及火箭點火發射。其次是接收、分析、處理運載火箭與航天器下傳的遙測數據，掌握運載火箭與航天器在飛行過程中的工作情況，查找運載火箭、航天器在飛行過程中存在的問題，判斷飛行是否正常。

酒泉衛星發射中心

　　酒泉衛星發射中心始建於 1958 年 10 月，位於甘肅省酒泉市北部約 200 公里、內蒙古自治區阿拉善盟額濟納旗境內的戈壁灘上，海拔約 1000 米，佔地面積約 2800 平方公里。這裏一年四季晴天多，日照時間長，可為航天發射提供良好的自然條件。酒泉衛星發射中心是中國建設最早的衛星發射中心，不僅承擔了科學試驗衛星、返回式遙感衛星等近地軌道航天器的發射任務，還是中國目前唯一的載人航天發射場。

「長征二號」F 火箭在酒泉衛星
發射中心的發射塔架上整裝待發

太原衞星發射中心

　　太原衞星發射中心始建於 1967 年，位於晉西北高原中部，距離太原市 284 公里，地處溫帶，海拔 1500 米左右。這裏冬長無夏，春秋相連，全年平均氣溫 4.7℃。太原衞星發射中心主要承擔太陽同步軌道和極地軌道航天器，如氣象衞星、陸地衞星和海洋衞星等的發射任務。

太原衞星發射中心

西昌衞星發射中心

　　西昌衞星發射中心始建於 1970 年，位於西昌市西北 65 公里處的大涼山峽谷腹地，海拔約 1500 米，地屬亞熱帶氣候，全年風力柔和適度，晴天居多，空氣透明度高。西昌衞星發射中心是中國目前唯一的地球同步軌道衞星發射基地，同時還承擔着月球探測器的發射任務。

2018 年 12 月 8 日，「嫦娥四號」探測器在西昌衞星發射中心成功發射。

文昌航天發射場

　　文昌航天發射場位於海南省文昌市，是中國在低緯度濱海地區建設的首個航天發射場，於 2014 年基本竣工。這裏主要用於發射新一代運載火箭，承擔地球同步軌道衞星、大質量極軌衞星、大噸位空間站艙段、貨運飛船和深空探測器等航天器的發射任務。發射場毗鄰大海，不僅具有良好的海上運輸條件，而且火箭航區和殘骸不易造成地面人員和財產的意外傷害。

文昌航天發射場

奇思怪問　低緯度的發射場有優勢嗎？

　　地球自西向東自轉，其赤道上的運動速度最快，約為 465 米 / 秒。緯度越低、越接近赤道的發射場，越可以使運載火箭借助更多的地球自轉力，減少推進劑的用量，這樣可以提高運載火箭的運載能力，延長衞星的壽命。如果將從北緯 28°的西昌發射場發射的運載火箭轉移到北緯 19°的文昌發射場發射，火箭的運載能力能提高 7.4%。

中國航天測控網

截至 2019 年 3 月，中國已實施 300 次「長征」系列運載火箭的發射，先後將 500 多個航天器送入太空。這些火箭和航天器並不是像斷線的風箏一樣「隨風飛行」，而是被一隻神奇的「大手」跟蹤、測量和控制，按照預定軌道飛行，即使偶爾偏離軌道，也能很快「迷途知返」；萬一出現意外，人們也能及早預知，防患於未然。這隻神奇的「大手」就是龐大的中國航天測控網。

中國航天測控網的組成

航天測控網用於對火箭及航天器的飛行軌跡、姿態和其上各分系統的工作狀態進行跟蹤測量、監視與控制，以及保障航天器按照預先設計好的狀態飛行和工作，並完成科學數據傳輸等預定任務。中國航天測控網主要由北京航天飛行控制中心、西安衛星測控中心、遍佈全球的地面測量站、「遠望號」測量船和「天鏈」中繼衛星等組成。

中國兒童太空百科全書 中國航天

北京航天飛行控制中心在進行「嫦娥三號」發射的測控任務

航天測控網的任務

　　攜帶航天器的運載火箭起飛後，需要隨時掌控火箭和航天器的飛行動態及科學儀器的工作狀態。在航天器與運載火箭分離的一剎那，需要計算出航天器的位置、速度等參數，判斷它是否入軌。航天器入軌後，需要判斷航天器上各種儀器工作是否正常。航天器在軌運行過程中，需要不斷地對它進行跟蹤測量。尤其是對於載人航天器，地面指揮人員需要隨時掌控航天員的狀況。在航天器返回過程中，需要進行一系列姿態調整，確保安全，並準確測定落點時間和位置坐標，使地面人員及時前往回收。

為了完成「神舟四號」飛船的測控回收任務，技術人員在寒冷的着陸場測控站內精心維護裝備。

「遠望號」測量船

　　「遠望號」測量船是中國航天遠洋測控船隊的總稱，主要負責火箭、衛星、飛船等中國航天器的海上跟蹤測控任務，並與航天飛行控制中心進行實時通信和數據交流，準確測定火箭、衛星、飛船的着落點。至今，中國先後擁有7艘遠洋測控船，它們成功參與了「神舟六號」飛船載人航天試驗、中繼星「鵲橋」發射、「北斗」導航衛星海上測控等重要的航天任務。

西安衛星測控中心內的超短波統一測控系統天線，像眼睛一樣監控着太空中的衛星。

西安衛星測控中心

　　西安衛星測控中心是中國功能齊全、技術先進的現代化航天控制中心，其主要任務是跟蹤測量航天器，接收、處理航天器遙測參數，控制航天器，計算、確定航天器的軌道和姿態，回收航天器返回艙，長期運行管理在軌衛星。

「遠望號」測量船上的測控設備

「遠望五號」航天遠洋測量船

「東方紅一號」衛星

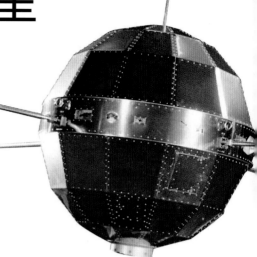

　　1970 年 4 月 24 日，中國第一顆人造地球衛星——「東方紅一號」，在「長征一號」火箭的運送下，準確進入預定的地球軌道。「東方紅一號」衛星是中國自主設計研製的技術試驗衛星，從衛星的設計、生產、試驗和測試，到衛星所需要材料、元器件等的開發生產，全部由中國獨立自主地完成。經國務院批准，自 2016 年起，每年的 4 月 24 日被定為「中國航天日」。

「東方紅一號」衛星任務的總體要求

　　對「東方紅一號」衛星任務的總體要求是：上得去、抓得住、聽得到、看得見。「上得去」就是要保證衛星進入預定軌道；「抓得住」就是衛星上天以後，地面設備能對衛星實施測控；「聽得到」就是讓人們能夠聽到衛星播送的樂曲；「看得見」就是讓人們能用肉眼看到衛星在太空的飛行。實際上，人們在地球上無法用肉眼直接看到直徑僅 1 米左右的衛星。為了解決「看得見」這個難題，科學家們在緊隨衛星飛行的「長征一號」運載火箭的第三級上，安裝了能強烈反射太陽光的「觀測裙」，使人們在夜晚用肉眼就能通過跟蹤「觀測裙」看到衛星運行的軌跡。

「東方紅一號」衛星的結構和組成

　　「東方紅一號」衛星的外形為直徑約 1 米的 72 面球形體，由結構、溫控、能源、《東方紅》樂音裝置和短波遙測、跟蹤、天線、姿態測量 7 個分系統組成。有效載荷主要包括 2.5 瓦的 20.009 兆赫頻率發射機，100 瓦的 200 兆赫頻率發射機、科學試驗儀器和工程參數測量傳感器等。衛星環腰裝有 4 根長 3 米的拉桿式短波天線，以 20.009 兆赫頻率交替發射《東方紅》樂曲、科學探測數據和衛星工程遙測參數；頂部裝有 1 根鞭狀超短波天線，環腰裝有微波發射和接收天線，用於跟蹤測定衛星軌道。衛星上裝有太陽角計和紅外地平儀，用於測量衛星姿態。

「東方紅一號」衛星的運行

　　「東方紅一號」衛星運行在近地點高度為 439 公里、遠地點高度為 2384 公里的橢圓軌道上，繞地球一圈約 114 分鐘。它以 2 轉 / 秒的自旋來穩定在太空中運行的姿態。衛星採用銀鋅電池，設計工作時間為 20 天，實際工作了 28 天。運行期間，它把遙測參數和科學探測資料傳回地面。1970 年 5 月 14 日，衛星停止發射信號，與地面失去了聯繫。由於「東方紅一號」衛星的近地點軌道高度較高，目前它仍在環繞地球飛行。

發射「東方紅一號」衛星的「長征一號」運載火箭

發射國家	發射日期	衛星名稱	衛星質量（公斤）
蘇聯	1957 年 10 月 4 日	「人造地球衛星 1 號」	83.60
美國	1958 年 1 月 31 日	「探險者 1 號」	13.91
法國	1965 年 11 月 26 日	「試驗衛星 1 號」	42.00
日本	1970 年 2 月 11 日	「大隅號」	24.00
中國	1970 年 4 月 24 日	「東方紅一號」	173.00

人民日报

1948年6月15日创刊 第7961号 1970年4月26日 星期日 农历庚戌年三月廿一

毛主席语录

我们也要搞人造卫星。

毛主席提出"我们也要搞人造卫星"的伟大号召实现了！

我国第一颗人造地球卫星发射成功

卫星重一百七十三公斤，用二〇·〇〇九兆周的频率，播送《东方红》乐曲

这是我国人民在伟大领袖毛主席领导下，高举"九大"团结、胜利的旗帜，鼓足干劲，力争上游，多快好省地建促生产，促工作，促战备所取得的结

这是我国发展空间技术的良好开无产阶级革命路线的伟大胜利，是无产

中国共产党中央委员会向从事研制、发射卫星的工人员、民兵以及有关人员，表示热烈的祝贺。

1970 年 4 月，在「東方紅一號」衛星發射現場召開動員誓師大會。

「東方紅一號」衛星發射成功的報道

測試「東方紅一號」衛星

「東方紅一號」衛星樂音裝置

「東方紅一號」衛星用 20.009 兆周的頻率播送《東方紅》樂曲的前幾個小節，衛星上的樂音裝置採用電子線路產生模擬鋁板琴聲演奏樂曲，以高穩定度音源振盪器代替音鍵，用程序控制線路產生的節拍來控制音源振盪器發音，播放效果令人十分滿意。人們從廣播中收聽到的《東方紅》樂曲，是地面跟蹤站接收衛星信號後再由中央人民廣播電台轉發出去的。

中國衞星發射歷程

自 1970 年成功發射第一顆人造地球衞星「東方紅一號」以來，中國人造地球衞星技術不斷發展。中國衞星的發射歷程，見證着中國航天技術的進步。逐漸形成的多個衞星系列，為我們提供了通信、遙感、導航等方面的服務，並幫助我們不斷地探索太空。

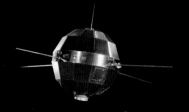

人造地球衞星「東方紅一號」

返回式遙感衞星「返回式衞星0號」

1970 年 4 月 24 日　　　1975 年 11 月 26 日

中國人造地球衞星發射歷程（部分）

1970 年 4 月 24 日	人造地球衞星「東方紅一號」
1971 年 3 月 3 日	科學探測與技術試驗衞星「實踐一號」
1975 年 11 月 26 日	返回式遙感衞星「返回式衞星 0 號」
1984 年 4 月 8 日	自旋穩定地球靜止軌道通信衞星「東方紅二號」
1988 年 9 月 7 日	極軌氣象衞星「風雲一號」A 星
1997 年 5 月 12 日	三軸穩定地球靜止軌道通信衞星「東方紅三號」
1997 年 6 月 10 日	地球靜止軌道氣象衞星「風雲二號」A 星
1999 年 10 月 14 日	數據傳輸型資源衞星「資源一號」01 星
2000 年 10 月 31 日	導航試驗衞星「北斗一號」A 星
2002 年 5 月 15 日	海洋觀測遙感衞星「海洋一號」A 星
2007 年 4 月 14 日	「北斗」區域導航系統首顆衞星「北斗二號」M1 星
2007 年 5 月 14 日	整星出口衞星「尼日利亞一號」
2008 年 4 月 25 日	數據中繼衞星「天鏈一號」01 星
2008 年 5 月 27 日	第二代太陽同步軌道氣象衞星「風雲三號」A 星
2010 年 8 月 24 日	傳輸型立體測繪衞星「天繪一號」
2011 年 8 月 16 日	海洋動力環境監測衞星「海洋二號」A 星
2012 年 1 月 9 日	民用高分辨率立體測繪衞星「資源三號」01 星
2013 年 4 月 26 日	國家高分專項工程的首顆遙感衞星「高分一號」
2014 年 8 月 19 日	亞米級空間分辨率民用遙感衞星「高分二號」
2015 年 12 月 17 日	「悟空號」暗物質粒子探測衞星
2015 年 12 月 29 日	地球同步軌道光學遙感衞星「高分四號」
2016 年 8 月 6 日	移動通信衞星「天通一號」01 星
2016 年 8 月 10 日	C 頻段合成孔徑雷達遙感衞星「高分三號」
2016 年 8 月 16 日	「墨子號」量子科學實驗衞星
2016 年 12 月 11 日	第二代地球靜止軌道氣象衞星「風雲四號」
2016 年 12 月 22 日	全球二氧化碳監測科學實驗衞星
2017 年 4 月 12 日	高通量通信衞星「實踐十三號」
2017 年 6 月 15 日	「慧眼」硬 X 射線調製望遠鏡衞星
2017 年 6 月 19 日	自製電視直播衞星「中星九號」A 星
2017 年 11 月 5 日	「北斗」全球系統首批組網衞星「北斗三號」M1、M2 星

民用高分辨率立體測繪衞星「資源三號」01 星

2012 年 1 月 9 日

國家高分專項工程的首顆遙感衞星「高分一號」

2013 年 4 月 26 日

亞米級空間分辨率民用遙感衞星「高分二號」

地球同步軌道光學遙感衞星「高分四號」

2014 年 8 月 19 日

2015 年 12 月 29 日

中國兒童太空百科全書 中國航天

中國衛星大家族

　　1970 年～ 2018 年，中國共計研製並發射了 300 餘顆衛星，形成了一個人造衛星「大家族」。這個家族中有不少「明星」成員，它們都有獨特的本領，如用於通信的「東方紅」衛星系列、「中星」衛星系列，用於數據中繼的「天鏈」衛星系列，用於導航定位的「北斗」衛星系列，用於對地觀測的「高分」衛星系列、資源衛星系列，用於環境監測與減災的海洋衛星系列，用於氣象觀測的「風雲」衛星系列，用於科學探測與技術試驗的「實踐」衛星系列等。

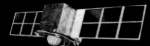

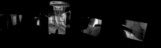

自旋穩定地球靜止軌道通信衛星「東方紅二號」	極軌氣象衛星「風雲一號」A 星	三軸穩定地球靜止軌道通信衛星「東方紅三號」	地球靜止軌道氣象衛星「風雲二號」A 星	
1984 年 4 月 8 日	1988 年 9 月 7 日	1997 年 5 月 12 日	1997 年 6 月 10 日	數據傳輸型資源衛星「資源一號」01 星
				1999 年 10 月 14 日

導航試驗衛星「北斗一號」A 星

傳輸型立體測繪衛星「天繪一號」	數據中繼衛星「天鏈一號」01 星	整星出口衛星「尼日利亞一號」	「北斗」區域導航系統首顆衛星「北斗二號」M1 星	2000 年 10 月 31 日
2010 年 8 月 24 日	2008 年 4 月 25 日	2007 年 5 月 14 日	2007 年 4 月 14 日	

整星出口

　　整星出口是指中國將自主研製的衛星出口給其他國家使用。這證明了中國的衛星研製和發射技術水平。截至 2018 年底，中國已與尼日利亞、巴基斯坦、白俄羅斯、老撾等國家簽署了出口合同，在軌交付出口衛星共 13 顆，其中包括 10 顆通信衛星和 3 顆遙感衛星。「尼日利亞一號」不僅是首顆採用「東方紅四號」衛星平台研製的衛星，還是中國第一顆整星出口的衛星，這是中國首次以火箭、衛星及發射支持的整體方式為國際用戶提供商業衛星服務。

移動通信衛星「天通一號」01 星	C 頻段合成孔徑雷達遙感衛星「高分三號」	高通量通信衛星「實踐十三號」	自製電視直播衛星「中星九號」A 星	「北斗」全球系統首批組網衛星「北斗三號」M1、M2 星
2016 年 8 月 6 日	2016 年 8 月 10 日	2017 年 4 月 12 日	2017 年 6 月 19 日	2017 年 11 月 5 日

中國遙感衛星

遙感衛星是居高臨下觀測地球大氣、陸地、海洋的人造衛星。它們利用遙感器收集地球大氣目標輻射或反射的電磁波信息，並將這些信息返回地面進行處理、加工和判讀，從而獲得有關地球環境、資源和景物等數據。遙感器按照工作波長的不同可劃分為可見光遙感器、紅外遙感器、微波遙感器、多譜段遙感器等。遙感衛星主要在太陽同步軌道、地球靜止軌道和極地軌道運行。中國已研製發射了陸地衛星、氣象衛星、海洋衛星等遙感衛星，以及返回式衛星。

「海洋一號」衛星

海洋衛星

海洋衛星是用於觀測和研究海洋的人造衛星。截至 2018 年底，中國已發射了 3 顆「海洋一號」水色衛星和 2 顆「海洋二號」海洋動力環境衛星，以及與法國合作研製的「中法海洋衛星」。「海洋一號」攜帶了海洋水色掃描儀等設備，通過觀測海水光學特徵、葉綠素濃度、懸浮泥沙含量、海表溫度、可溶有機物和污染物質等，掌握海洋製造有機物的能力、海洋環境質量、漁業及養殖資源等情況。「海洋二號」攜帶了微波散射計、輻射計和雷達高度計等設備，可監測海面風場、浪場、海流、海洋重力場、大洋環流和海表溫度場、海洋風暴和潮汐等，預報災害性海況。海洋系列衛星為中國海洋資源開發、沿岸海洋工程、港灣治理、海洋環境監測與保護、災害預報等提供基礎數據。

「海洋一號」C 星海洋水色儀經過極區時拍攝的圖像

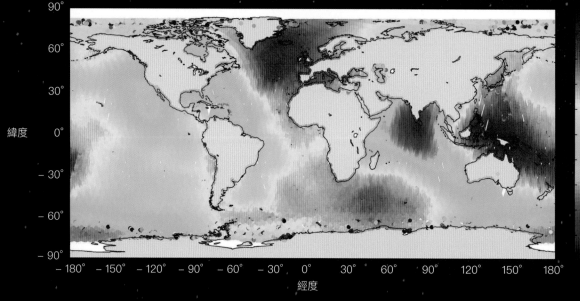

「海洋二號」衛星雷達高度計觀測的全球海面高度示意圖（單位：米）

返回式衛星

返回式衛星在軌道上利用搭載的相機執行拍攝任務，完成拍攝後衛星的部分艙段攜帶拍攝的膠片再入地球大氣層並返回地面，膠片經過處理後方可提供使用。中國自1975年發射首顆返回式衛星以來，已發射24顆衛星，成功回收23顆，包括返回式國土普查衛星、國土詳查衛星和地圖測繪衛星等。這些衛星在資源調查、地圖測繪、地質調查、鐵路選線等領域取得了豐碩成果。除執行遙感任務外，衛星還利用微重力和空間環境條件開展材料科學、生命科學及農作物種子搭載等科學實驗。中國是第三個掌握衛星返回技術的國家，衛星回收成功率居世界之首。

陸地衛星

陸地衛星是用於觀測和研究地球資源與環境的人造衛星。中國的陸地衛星包括「環境一號」衛星、地球資源衛星和高分辨率對地觀測衛星等。「環境一號」的全稱是「環境和災害監測預報小衛星星座」，它是中國第一個專門用於環境與災害監測預報的小衛星星座，由2顆光學小衛星和1顆合成孔徑雷達小衛星組成，可以對森林面積縮減、土地沙化、大氣污染、水污染，以及大氣層中的臭氧層變化等進行監測。

「環境一號」A 星的多光譜影像，分辨率 30 米。

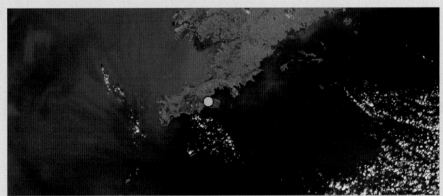

2016 年 12 月 2 日，「環境一號」衛星進行渤海海域溢油巡查，未發現明顯溢油分佈。

2016 年 11 月 28 日，「環境一號」衛星進行渤海海域溢油巡查，在北戴河東部海域發現一處疑似溢油，距離北戴河沿岸最近處約 10.86 公里，疑似溢油區面積 34.50 平方公里；疑似溢油區分佈相對集中，在遙感影像上呈現團塊狀，顏色呈亮白色。

資源衞星

資源衞星屬於陸地衞星。截至2018年底，中國陸續成功發射了「資源一號」「資源二號」「資源三號」三個系列共10顆衞星，「資源一號」「資源二號」是探查陸地資源和環境的地球資源衞星，「資源三號」是高分辨率立體測繪衞星。資源衞星廣泛用於國土資源調查、農作物估產、林業資源調查、環境保護、災害監測、交通建設、城市規劃、國土測繪、地理國情監測等領域。

「資源一號」衞星

「資源一號」衞星又稱「中巴地球資源衞星」，是中國和巴西聯合研製的傳輸型地球資源衞星。首顆「資源一號」衞星於1999年發射，截至2018年底，共有5顆「資源一號」成功發射。這些衞星配置了不同的遙感器，包括高分辨率相機、多光譜相機、寬視場成像儀、紅外多光譜掃描儀等。2007年發射的「資源一號」02B星搭載的全色高分辨率相機的地面像元分辨率達2.36米，2011年發射的「資源一號」02C星搭載的全色及多光譜相機的空間分辨率達5米/10米。「資源一號」廣泛用於經濟建設和社會生活的各個領域。

「資源二號」衞星

「資源二號」衞星是傳輸型遙感衞星，主要用於國土資源勘查、環境監測與保護、城市規劃、農作物估產、防災減災和空間科學試驗等。2000年9月、2002年10月和2004年11月，中國先後發射了3顆「資源二號」衞星。

2018年11月3日，四川省甘孜藏族自治州白玉縣發生二次山體滑坡導致金沙江斷流。11月6日，「資源一號」02C星拍攝到了金沙江災後影像。

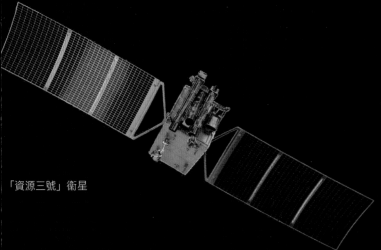

「資源三號」衛星

「資源三號」衛星

　　「資源三號」是中國首顆民用高分辨率光學傳輸型立體測繪衛星，搭載了三線陣測繪相機和多光譜相機，集測繪和資源調查功能於一體，主要生產比例為1：50000 的測繪產品，以及開展1：25000 和更大比例尺地形圖的修測與更新。「資源三號」衛星利用具有一定交會角的前視相機、正視相機和後視相機，通過對同一地面點不同視角的觀測，獲得 13.5 米高分辨率立體影像；還可提供分辨率為 5.8 米的多光譜產品。首顆「資源三號」衛星於 2012 年成功發射，第二顆衛星於 2016 年成功發射，分辨率 2.5 米，實現了雙星組網運行。「資源三號」在基礎測繪、地理國情監測、海島礁測繪、應急測繪和經濟社會發展等領域，提供了有力的保障服務。

「資源三號」衛星融合影像圖：迪拜人工島

「高分」系列衛星

　　「高分」系列衛星屬於陸地衛星，是《國家中長期科學和技術發展規劃綱要》中確定的高分辨率對地觀測系統重大專項任務中的天基部分。「高分」系列主要由十餘顆運行於高低不同軌道的、具備從可見光到微波不同譜段觀測手段的衛星組成，與其他中、低分辨率的業務系統配合使用，完成全球觀測任務。截至 2018 年 7 月 31 日「高分十一號」衛星發射，中國已經成功發射了 9 顆「高分」系列衛星。

「高分一號」衛星

　　「高分一號」01 衛星於 2013 年 4 月 26 日在酒泉衛星發射中心發射，它是中國高分辨率對地觀測系統的首發星，配置有 2 台多光譜高分辨率相機和 4 台多光譜中分辨率寬幅相機，實現了在小衛星上中高分辨率和寬幅成像能力的結合，可滿足多種空間分辨率、多種光譜分辨率、多源遙感數據需求。2018 年 3 月 31 日，「高分一號」02 衛星、03 衛星和 04 衛星以「一箭三星」方式成功發射入軌，構成了中國首個民用高分辨率光學業務星座。

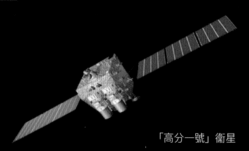

「高分一號」衛星

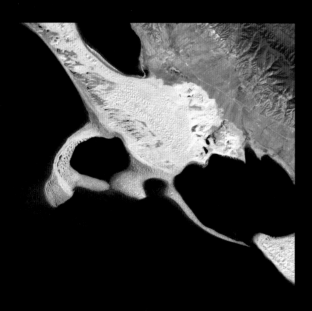

「高分一號」衛星拍攝的青海湖，圖像大小為 40 公里 ×40 公里，空間分辨率為 8 米。

「高分二號」衛星

　　「高分二號」衛星於 2014 年 8 月 19 日在太原衛星發射中心發射，它是中國首顆分辨率達到亞米級的民用遙感衛星。「高分二號」衛星實現了亞米級空間分辨率、多光譜綜合光學遙感數據獲取，攻克了長焦距、大口徑、輕型相機及衛星系統設計難題，具備高精度高穩定度姿態機動、高精度圖像定位能力，提升了低軌道遙感衛星的性能。「高分二號」衛星的主要用戶有自然資源部、住房和城鄉建設部、交通運輸部、林業局等。

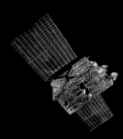

「高分二號」衛星

「高分二號」衛星拍攝的北京西直門融合影像

「高分三號」衛星

　　「高分三號」衛星於 2016 年 8 月 10 日在太原衛星中心發射，它是中國首顆 C 頻段多極化合成孔徑雷達 (SAR) 衛星，也是「天眼工程」中唯一的雷達星。「高分三號」衛星的分辨率最優可達 1 米，具備 12 種成像模式，在軌設計壽命為 8 年。「高分三號」衛星不受天氣條件的限制，可全天候、全天時監視監測全球海洋和陸地資源，廣泛服務於海洋、水利、氣象等多個領域。

「高分四號」衛星

　　「高分四號」衛星於 2015 年 12 月 29 日在西昌衛星中心發射。作為中國首顆地球同步軌道高分辨率光學遙感衛星，「高分四號」衛星運行在距地球 36000 公里的軌道上，被譽為當今觀測地球的最高「太空眼」，是當時世界上空間分辨率最高、幅寬最大的地球同步軌道遙感衛星。「高分四號」衛星具有普查、凝視、區域、機動巡查四種工作模式，全色／多光譜相機分辨率優於 50 米、單景成像幅寬優於 500 公里，中波紅外相機分辨率優於 400 米、單景成像幅寬優於 400 公里。可為中國減災、林業、地震、氣象等應用，提供快速、可靠、穩定的光學遙感數據。

「高分四號」衛星於 2016 年拍攝的西藏納木措影像圖

「高分五號」衛星

　　「高分五號」衛星於 2018 年 5 月 9 日在太原衛星中心發射。它是目前世界上首顆實現對大氣和陸地綜合觀測的全譜段高光譜衛星，也是中國光譜分辨率最高的衛星。「高分五號」不僅可探測目標物體的形狀和尺寸，還能探測物質的具體成分。「高分五號」的工作模式達 26 種，是國內探測手段最多的光學遙感衛星，可用於對大氣污染氣體、溫室氣體、內陸水體、陸表生態環境、蝕變礦物等進行高精度探測。

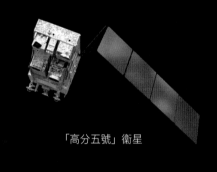

「高分五號」衛星

「高分六號」衛星

　　「高分六號」衛星於 2018 年 6 月 2 日在酒泉衛星中心發射，它是中國首顆用於精準農業觀測的高分衛星。「高分六號」採用中國首次增加了「紅邊」波段的相機，能夠有效反映植物種類等光譜特性，清楚地分辨不同種類的植物。「高分六號」衛星將與「高分一號」衛星「攜手合作」，提升系統整體效率，增強對農業、林業、草原等資源的監測能力。

「高分六號」衛星

「風雲」系列衛星

「風雲一號」衛星

中國氣象衛星以「風雲」命名，包括運行在近極地太陽同步軌道的氣象衛星，以及運行在地球靜止軌道的氣象衛星兩類。兩類衛星各具優勢，通過相互補充，更好地實現了氣象觀測和預報效果。1988 年～ 2018 年，中國研製發射了 4 個系列共 17 顆氣象衛星。這些衛星廣泛應用於天氣預報、氣候預測、災害監測、環境監測、軍事活動氣象保障、航天發射保障等，特別是在颱風、暴雨、霧霾、沙塵暴、森林草原火災等監測預警中發揮了重要作用。「風雲」衛星被世界氣象組織納入全球業務應用氣象衛星序列，向近百個國家和地區提供衛星資料和產品。

「風雲一號」衛星

「風雲一號」是中國自主研製的第一代極軌氣象衛星，共發射了 4 顆。其中 A 星和 B 星是試驗星，分別於 1988 年和 1990 年發射；C 星和 D 星是業務應用衛星，分別於 1999 年和 2002 年發射。D 星是中國航天史上的「長壽星」，運行時間超過設計壽命。「風雲一號」衛星主要獲取白天可見光雲圖和晝夜紅外雲圖等數據，用於天氣分析與預報、氣候預測研究、自然災害與生態環境監測等。

「風雲二號」衛星

「風雲二號」衛星

「風雲二號」是中國自主研製的第一代地球靜止軌道氣象衛星。1997 年 6 月 10 日，中國第一顆地球靜止氣象衛星「風雲二號」A 星成功發射，由此開啟了中國地球靜止氣象衛星在軌運行的時代。截至 2018 年底，中國成功發射了 8 顆「風雲二號」衛星，其中首批 A 星、B 星是試驗星，此後發射和運行的 6 顆衛星均為業務應用衛星。「風雲二號」衛星主要獲取地球空間環境白天可見光雲圖、晝夜紅外雲圖和水汽分佈圖，還提供其他氣象、海洋、水文、太陽 X 射線和空間粒子輻射等觀測數據，以及廣播展寬數字圖像和低速率信息資料。

1969 年

1969 年 1 月 29 日，周恩來總理提出「要搞我們自己的氣象衛星」，將中國氣象衛星的研製提上日程。1970 年，周總理批准了研製氣象衛星的項目，這個項目於 1972 年被納入國家計劃。

1988 年

1988 年 9 月 7 日，「風雲一號」A 星在太原衛星發射中心成功發射，這是中國自主研製和發射的第一顆極軌氣象衛星。

1997 年

1997 年 6 月 21 日，「風雲二號」A 星向國家衛星氣象中心成功發回第一幅可見光雲圖。

「風雲三號」衛星

　　「風雲三號」是中國自主研製的第二代極軌氣象衛星。2008 年 5 月 27 日，「風雲三號」的首顆衛星成功發射，實現了中國氣象衛星從單一遙感成像到地球環境綜合探測、從光學遙感到微波遙感、從公里級分辨率到百米級分辨率、從國內接收到極地接收的四大技術突破。2010 年 11 月 5 日，「風雲三號」B 星成功發射，形成雙星上、下午星組網探測，使全球資料的觀測時效從 12 小時提高到 4.5 小時，預報精度提高 3% 左右，預報時效延長 24 ～ 36 小時。截至 2018 年底，共有 4 顆「風雲三號」衛星成功發射。

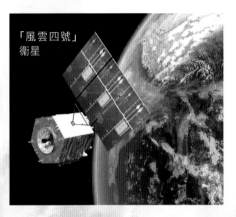

「風雲四號」衛星

　　靜止軌道衛星的位置相對於地球靜止，軌道高度約 36000 公里，單顆衛星可以觀測地球表面約三分之一的固定區域，能夠對同一目標地區進行連續觀測，可捕捉快速變化的天氣，更適合監測中小尺度天氣系統變化，提供短期預報。

　　「風雲」系列衛星中的極軌氣象衛星運行在軌道高度 800 ～ 900 公里、軌道平面與地球赤道平面夾角約 98°、繞地球一圈約 100 分鐘的太陽同步軌道。極軌氣象衛星能夠進行全球範圍的觀測，探測精度和空間分辨率高，但對同一地區不能連續觀測，難以觀測變化迅速的小尺度災害性天氣，適合中長期數值天氣預報、全球氣候變化與預測、大範圍自然災害和生態環境監測等。

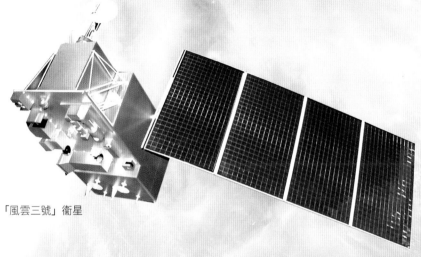

「風雲三號」衛星

「風雲四號」衛星

　　「風雲四號」是中國第二代地球靜止軌道氣象衛星，將逐步替代「風雲二號」衛星。按照發展規劃，「風雲四號」將形成光學系列氣象衛星和微波系列氣象衛星兩個系列。2016 年 12 月 11 日，「風雲四號」的首顆光學型試驗衛星成功發射，2020 年後還將研製發射靜止軌道微波氣象衛星。「風雲四號」採用了三軸穩定的姿態控制方式，提高了觀測的時間分辨率，解決了高軌三維遙感問題，首次實現了靜止軌道成像觀測和紅外高光譜大氣垂直探測綜合觀測。2017 年 2 月 27 日，隨着「風雲四號」A 星獲取首批圖像和數據，世界上第一幅靜止軌道地球大氣高光譜圖正式亮相。

2008 年

2017 年

2008 年 5 月 27 日，「風雲三號」A 星成功發射，恰逢中國奧運年，因此「風雲三號」也被稱為「奧運星」。「奧運星」與「風雲二號」衛星一起，為北京奧運會提供了氣象保障服務。

2017 年 9 月 25 日，微信 (Wechat) 的「歡迎界面」採用的照片換成了由「風雲四號」拍攝的照片，這是一張從中國上空視角拍攝的完整的地球照片 (右)。在此之前，微信多年採用由美國國家航空航天局提供的從非洲大陸上空視角拍攝的完整的地球照片 (左)。

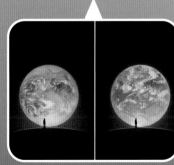

中國通信衞星

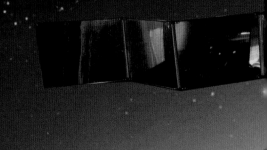

　　中國的通信廣播衞星以「東方紅」命名，先後發展了多種不同型號的靜止軌道通信衞星，包括「東方紅二號」試驗通信衞星、「東方紅二號」A實用通信衞星、「東方紅三號」通信衞星以及基於「東方紅」衞星平台研製的通信衞星等。按照用途，可將這些通信衞星劃分為固定通信衞星、移動通信衞星、電視直播衞星、跟蹤與數據中繼衞星和高通量衞星。

上行電波

電視台的演播室

「東方紅二號」衞星

　　中國研製的第一代靜止軌道試驗通信衞星，安裝有2台C頻段轉發器，可進行全天候通信，轉發電視、廣播、電話、數傳、傳真等信息。1984年4月8日，中國第一顆「東方紅二號」衞星發射升空，定點於東經125°赤道上空。1986年2月1日，第二顆「東方紅二號」實用通信衞星發射升空，定點於東經103°赤道上空。「東方紅二號」衞星的發射使中國成為世界上第五個自行發射地球靜止軌道通信衞星的國家。

「東方紅二號」A星

　　中國研製的第一代靜止軌道實用通信衞星，轉發器增加到了4台，能轉播4路彩色電視或3000路電話。1988年3月7日，「東方紅二號」A01星發射升空，截至1991年底，中國已成功發射了3顆「東方紅二號」A星。東方紅二號」A星為國內多家用戶提供通信、廣播和數據傳輸等業務，使中國衞星通信事業進入了新的階段。

通信衛星

「東方紅三號」衛星

　　「東方紅三號」衛星是中國第二代地球靜止軌道通信衛星，設計壽命為 8 年，主要用於電話、數據傳輸、VAST 網和電視傳輸等業務。衛星上有 24 台 C 頻段轉發器，能同時轉播 6 路彩色電視和 8000 路雙工電話。1994 年 11 月 30 日，第一顆衛星發射進入預定軌道，但是由於星載推力器泄漏，燃料耗盡，導致未能定點投入使用。第二顆衛星於 1997 年 5 月 12 日發射成功，定點於東經 125°赤道上空，後被重新命名為「中星六號」，正式投入商業運營。

下行電波

公寓或飯店

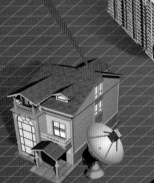

正在使用移
動電話的人

人們通過衛星信號看
到電視台轉播的內容

家庭用戶

「東方紅」系列衛星平台

　　利用衛星平台研製衛星，可以縮短研製週期，節約科研經費。中國的「東方紅」系列衛星平台已發展了四代：「東方紅二號」衛星平台、「東方紅三號」系列衛星平台、「東方紅四號」系列衛星平台和「東方紅五號」衛星平台。其中，「東方紅四號」衛星平台是中國第三代大容量地球靜止軌道衛星平台，有效載荷承載能力達 450 ～ 700 公斤，整星功率為 8 ～ 10 千瓦，可攜帶 46 台轉發器，設計壽命為 12 ～ 15 年，適用於大容量通信廣播衛星、大型直播衛星、移動通信衛星等地球靜止軌道衛星。「北斗」導航衛星、「嫦娥」月球探測器等衛星的研製也都用到了「東方紅」系列衛星平台。

奇思怪問　電視機突然出現信號接收不良現象，是廣播電視衛星出故障了嗎？

　　當你收看電視節目時，如果出現了黑屏、圖像不清等信號不良現象，那可能是因為廣播電視衛星進入了日凌期，而不是衛星出現了故障。每年春分前和秋分後，太陽運行到地球赤道上空，此時太陽距離地球最近，太陽電磁波對地球的輻射最強烈。當衛星運行到太陽與地球之間時，衛星廣播電視節目接收會受太陽輻射影響，地面接收信號時也會受到干擾，導致電視信號不良，這就是日凌現象。日凌的影響雖然不可避免，但中國目前有多個通信衛星轉播電視信號，可以把日凌的影響降到最低。

跟蹤與數據中繼衛星

　　跟蹤與數據中繼衛星簡稱「中繼星」，通常指轉發地球站對中、低地球軌道航天器的跟蹤及測控信號和轉發航天器發回地面的信息的專用通信衛星。中繼星的主要用途是：跟蹤中、低軌道航天器，轉發遙控、遙測等信息，實現對航天器軌道的精確測定與控制；將航天器獲得的遙感、遙測和圖像信息以高數據率實時轉發回地面；為載人飛船、空間站等載人航天器提供與地面之間的連續通信和數據傳輸業務；為航天器間的交會對接和分離提供導航和監測手段。

「天鏈一號」衛星

　　「天鏈一號」是中國自主研製的第一代跟蹤與數據中繼衛星。2008 年首顆「天鏈一號」衛星發射升空，2012 年三顆「天鏈一號」衛星完成組網，實現了對全球 200 公里以上、2000 公里以下空間的全軌道覆蓋，覆蓋率近 100%，構成世界第二個能夠對中、低軌道航天器全球覆蓋的中繼衛星系統。2016 年第四顆「天鏈一號」衛星發射升空，用於接替首顆「天鏈一號」，中繼星系統開始由第一代向第二代過渡。「天鏈一號」組網後，大幅提升了中國載人航天器的測控覆蓋率和數據傳輸能力，在載人航天器交會對接任務中發揮了重要作用，提高了對接任務的安全性和可靠性；同時為中國中、低軌道對地觀測衛星提供了高數據率、高動態的數據中繼服務，提高了衛星的使用效率。2019 年 3 月 31 日，「天鏈二號」01 星成功發射，它將進一步提升中國數據中繼衛星的能力。

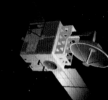

「天鏈一號」衛星

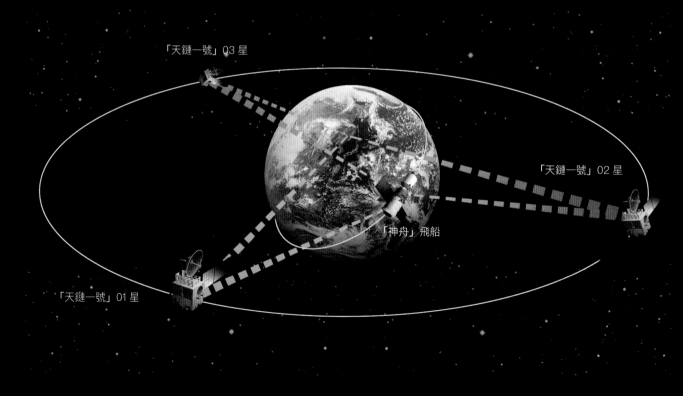

「天鏈一號」03 星

「天鏈一號」02 星

「天鏈一號」01 星

「神舟」飛船

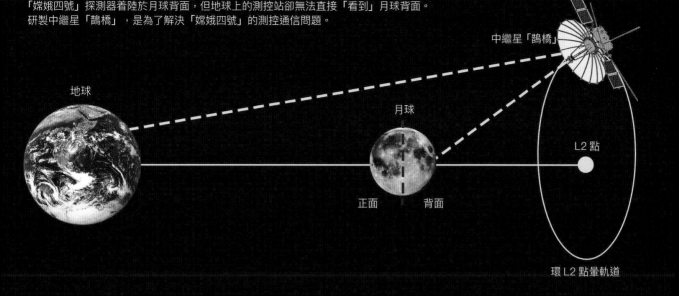

「嫦娥四號」探測器着陸於月球背面，但地球上的測控站卻無法直接「看到」月球背面。研製中繼星「鵲橋」，是為了解決「嫦娥四號」的測控通信問題。

地球

中繼星「鵲橋」

月球

L2 點

正面　背面

環 L2 點暈軌道

「鵲橋」通信中繼衛星

　　與世界上所有中繼衛星的使命不同，「鵲橋」是專門為降落在月球背面的「嫦娥四號」探測器提供測控和中繼通信的，也是人類歷史上首顆地球軌道以外的專用中繼通信衛星。「鵲橋」於 2018 年 5 月發射，6 月 14 日進入距離月球背面約 6.5 萬公里的使命軌道——環繞地月拉格朗日 L2 點的暈軌道運行。在這條軌道上，「鵲橋」始終面對着月球背面，既可與地球上的測控站保持通信，又可與月球背面的「嫦娥四號」保持通信，從而在地球測控站、「鵲橋」、「嫦娥四號」的着陸器和巡視器之間構成一條暢通的測控和通信鏈路。

跟蹤與數據中繼衛星的優勢

　　中繼衛星在距離地面約 36000 公里的地球靜止軌道上運行，在執行跟蹤、測控任務時，相當於把地面測控站提高到地球靜止軌道高度，可居高臨下地觀測到在近地軌道空間內運行的航天器；通過三星組網，無須在世界各地分佈建設測控站，就可實現對中、低軌道航天器近 100% 的軌道覆蓋。中繼衛星能夠為航天器提供不間斷的測控支持和中繼通信，增強了對航天器，尤其是載人航天器的監控能力，提高了航天任務的安全性和可靠性；可滿足航天員與地面站之間的持續通信需求；可將對地觀測衛星的遙感數據等信息實時返回地面，尤其提高了應對自然災害等重大突發事件的應急能力。

手持攝像机拍攝圖像

航天員王亞平在「天宮一號」上進行了長達 51 分鐘的太空授課，屏幕右上角的「天鏈」兩字，表示當時的視頻信號由「天鏈一號」轉發。「天鏈一號」數據中繼衛星系統大大提升了中國航天實力，使長時間不間斷的太空直播得以實現。

中國導航衛星

古代中國人很早就從日常生活中知道，在夜晚蒼穹之頂有一柄由七顆星星連接形成的斗形「勺子」── 北斗七星，借助這七顆星星就可以找到北極星，為人們指示方向。二十世紀末，中國開始自主發展適合國情的衛星導航系統，並以「北斗」對其命名。至今，中國按照「三步走」發展戰略，已完成「北斗一號」「北斗二號」區域衛星導航系統建設，「北斗三號」全球衛星導航系統也已經正式開通。

2018 年 11 月 19 日，中國以「一箭雙星」的方式發射第 42 顆和第 43 顆「北斗」導航衛星。

「北斗」衛星導航系統的建設

「北斗」全球衛星導航系統的建設分三步。第一步，2000 年～2007 年，發射 4 顆「北斗一號」導航試驗衛星，建成「北斗」衛星導航試驗系統，成為世界上繼美國、俄羅斯之後第三個擁有自主衛星導航系統的國家。第二步，2004 年啟動「北斗二號」衛星導航系統工程建設，2012 年底完成 20 顆衛星組網，向中國及周邊地區提供服務。第三步，2009 年啟動「北斗三號」全球衛星導航系統建設，向全世界提供服務。 2020 年 6 月 23 日，最後一顆組網衛星發射成功，「北斗三號」全球衛星導航系統正式開通，「三步走」任務圓滿收官。截至 2020 年 6 月，中國已發射 55 顆「北斗」導航衛星和 4 顆試驗衛星。

「北斗一號」衛星

2000 年～2007 年，中國先後發射了 4 顆「北斗一號」衛星，建成「北斗一號」衛星導航試驗系統。4 顆衛星均運行在地球靜止軌道，其中後兩顆為備用衛星。「北斗一號」系統是區域性、有源（主動式）衛星導航試驗系統，服務區域為中國及周邊地區，其功能包括定位、單雙向授時和短報文通信；定位精度為 20 米，單向和雙向授時精度分別為 100 納秒和 20 納秒，短報文通信能力為每次 120 字。「北斗一號」系統現已停用。

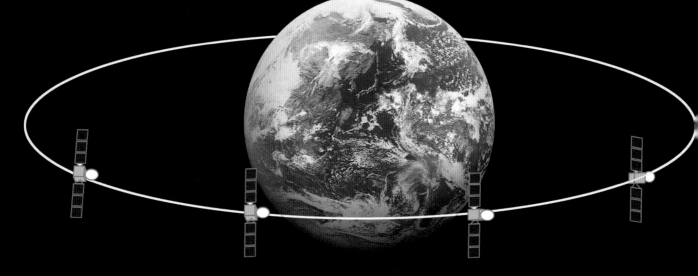

「北斗一號」導航衛星運行軌道示意圖

「北斗二號」衛星

　　2007 年～ 2012 年，中國陸續發射了 16 顆「北斗二號」衛星，完成「北斗二號」區域衛星導航系統的建設。這些衛星運行的軌道包括地球中圓軌道、傾斜地球同步軌道和地球靜止軌道。「北斗二號」系統是區域性、有源（主動式）與無源（被動式）相結合的衛星導航定位系統。「北斗二號」系統的主要功能包括：定位、測速、單雙向授時和短報文通信，服務區域為中國及周邊地區，定位精度為 10 米，測速精度為 0.2 米／秒，單向授時精度為 50 納秒，短報文通信能力為每次 120 字。

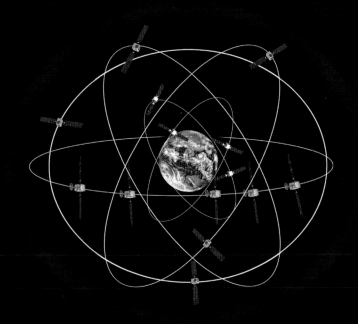

「北斗二號」區域導航衛星星座示意圖

「北斗三號」衛星

　　2017 年～ 2020 年，中國已發射 35 顆「北斗三號」衛星，建設「北斗」全球衛星導航系統。「北斗三號」衛星運行於地球中圓軌道、傾斜地球同步軌道和地球靜止軌道。該系統是有源（主動式）與無源（被動式）相結合的衛星導航定位系統，其功能包括實時導航、快速定位、精確授時、位置報告和短報文通信，服務範圍擴大到全球。「北斗三號」系統的全球定位精度優於 10 米，測速精度優於 0.2 米／秒，授時精度優於 20 納秒，全球範圍單次短報文通信能力為 40 個漢字，可免費提供 10 米精度的定位服務。「北斗三號」首次提出「保證服務不間斷」指標，首次建立了星間鏈路，解決了境外監測衛星的難題。隨着「北斗」地基增強系統提供初始服務，它還可提供米級、亞米級、分米級，甚至厘米級的服務。

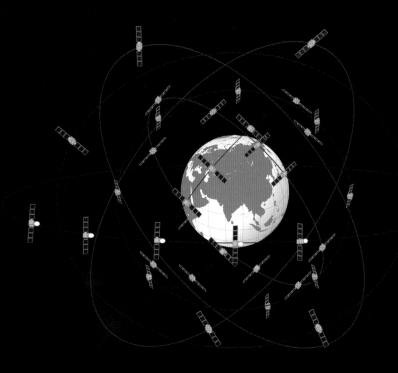

「北斗三號」全球衛星導航星座示意圖

「北斗」衞星系統的組成與功能

　　「北斗」全球衞星導航系統由空間段、地面段和用戶段三部分組成，功能包括實時導航、快速定位、精確授時、位置報告和短報文通信，能為中國及全球地區的用戶提供全天候、實時的導航定位信息。2020 年，「北斗」系統的全球定位精度將優於 10 米，測速精度優於 0.2 米 / 秒，授時精度優於 20 納秒，全球範圍單次短報文通信能力 40 個漢字；亞太地區定位精度將優於 5 米，測速精度優於 0.1 米 / 秒，授時精度優於 10 納秒，中國及周邊地區單次短報文通信能力 1000 個漢字。2018 年 12 月 27 日，中國宣佈「北斗三號」衞星系統開始提供全球定位服務。

空間段：靜止軌道衞星分別定點於東經 58.75°、80°、110.5°、140°和 160°，非靜止軌道衞星由 27 顆中圓地球軌道衞星和 3 顆傾斜地球同步軌道衞星組成。

「北斗三號」全球衞星導航系統的組成

　　「北斗三號」全球衞星導航系統（簡稱「北斗」系統）由空間段、地面段和用戶段三部分組成。其中，空間段由 5 顆靜止軌道衞星及 30 顆非靜止軌道衞星構成。地面段由若干主控站、時間同步 / 注入站和監測站組成。用戶段指各類「北斗」用戶終端，包括與其他衞星導航系統兼容的終端。

監測站的主要任務是對導航衞星進行跟蹤監測，接收導航信號並發送給主控站，為導航電文生成提供觀測數據。

時間同步 / 注入站主要負責在主控站的調度下完成衞星導航電文參數的注入、與主控站進行數據交換、時間同步測量等。

主控站的主要任務包括收集各地面站的觀測數據、進行數據處理、生成衞星導航電文、向衞星注入導航電文參數、監測衞星有效載荷、實現系統運行控制與管理等。

車載終端

便攜式終端

定位功能

我們知道，通過「經度、緯度、海拔和時間」4 個數值，就能夠確定地球上任意一點的位置，「北斗」的定位功能就能幫助我們找到這 4 個數值。用戶終端機接收來自至少 4 顆導航衛星連續發送的無線電導航信號（星曆表數據）後，根據信號發出時間與接收時間的時間差可以計算出用戶到導航衛星的距離，依據用戶到 4 顆導航衛星的距離，可計算出用戶終端機所在位置的三維坐標。目前市場上的大部分手機都支持「北斗」定位。

短報文通信功能

「北斗」導航衛星具有雙向通信功能，可以實現用戶與用戶、用戶與中心控制系統之間的簡短數字報文通信，並且支持漢字、數字、ASCII 碼等內容。與手機發送短信需要通過地面通信基站不同，「北斗」短報文短信則經由衛星通道來實現。因此，無論是在海島、沙漠、戈壁、森林等沒有通信設施和網絡設備的地方，還是在通信基站等設備已遭毀壞的受災地區，用戶只要安裝了「北斗」系統終端，就能夠向外界發佈文字信息。「北斗」導航衛星可以覆蓋全球，因此在移動基站無法覆蓋的無人區也可使用短報文通信功能。

用戶段：如車載終端、船載終端、機載終端、袖珍式終端、背負式終端等，它們可以追蹤北斗導航衛星，並實時地計算出接收機所在位置的坐標、移動速度及時間。

機載終端

船載終端

精確授時功能

導航衛星「授時」是指衛星利用無線電波發播標準時間信號的工作。「北斗」授時服務是「北斗」衛星通過授時服務器將標準的時間信號傳輸給需要時間信息的用戶設備，從而使用戶系統達到時間同步。「北斗」的高精度授時分為單向授時和雙向授時。單向授時的精度為 100 納秒，雙向授時的精度為 20 納秒。這是目前國際上公開使用的高精度授時領域內授時精度最高的。授時的應用領域包括通信行業數字同步網建設、電力時間同步、辦公管理網絡時間同步、作戰網絡時間同步、鐵路機車運行系統等。

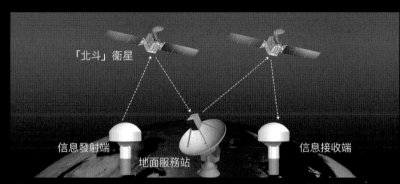

「北斗」衛星短報文通信示意圖

位置報告功能

「北斗」衛星導航系統能夠通過短報文通信功能，利用衛星導航終端設備及時報告用戶所處的位置。「北斗」系統的通信終端則能夠通過申請定位或發送位置信息，實現位置報告。位置報告內容包括發信方 ID 地址碼、報告時間和位置信息等。「北斗」全球導航衛星座由 3 種軌道衛星組成，高軌道衛星數目更多，因此其抗遮擋能力要強於世界上其他的衛星導航系統。「北斗」系統的位置報告功能具有重要的軍用和民用價值。在 2008 年的汶川地震搜救中，「北斗」系統就發揮了重要的作用。

「北斗」衛星上的原子鐘

原子鐘是利用原子躍遷頻率穩定的特性維持衛星時間準確性的設備，是衛星的「心臟」，會直接影響衛星的授時功能。目前，世界上只有中國、美國、俄羅斯、瑞士等少數國家具有獨立研製能力。「北斗三號」衛星採用中國新型高精度銣原子鐘和氫原子鐘，這兩種原子鐘的優勢互補，為「北斗」系統提供了良好的授時基礎。與「北斗二號」相比，「北斗三號」的原子鐘體積更小、質量更輕，穩定度也更高，達到了國際先進水平。

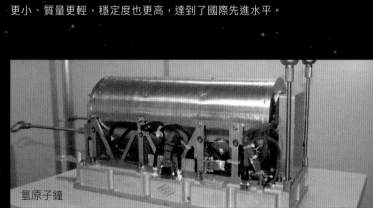

氫原子鐘

「北斗」衛星系統的應用

　　隨着「北斗」全球衛星導航系統建設和服務能力的發展，比較完整的衛星導航應用產業體系也開始形成，其應用領域包括交通運輸、海洋漁業、水文監測、氣象預報、森林防火、電力調度、救災減災等。在南方冰凍災害，四川汶川、蘆山和青海玉樹抗震救災，北京奧運會以及上海世博會期間，「北斗」衛星系統都發揮了重要作用。

「北斗」衛星系統應用於兒童的定位及監測

「北斗」衛星系統關愛特殊人羣

　　利用導航定位與短報文通信的功能，「北斗」衛星系統可結合定位手錶等終端設備對老人、兒童等特殊羣體進行定位和監測，為他們撐起安全「保護傘」。例如，家長可以在孩子的定位手錶中設置電子圍欄，如果孩子走出了安全範圍，家長會收到手機提醒，避免兒童走失。

「北斗」衛星系統在漁業和農業的應用

　　漁業是「北斗」衛星系統應用最早也最為廣泛的行業之一，主要應用了「北斗」衛星系統的短報文通信和導航定位功能。目前中國有超過 10 萬艘出海漁船安裝了「北斗」用戶機，滿足了漁民的海上通信需要。而將「北斗」衛星系統的高精度定位導航技術應用在起壟播種、作物收割、秸稈還田等農業生產過程中，可以提升播種、收割的效率和質量，為農民帶來更多的便利和實惠。

「北斗」衛星系統應用於拖拉機自動駕駛播種、起壟、接行等田間作業

「北斗」衛星系統在交通行業的應用

　　「北斗」衛星系統被廣泛應用於交通運輸行業。公交車上的「北斗」衛星系統可為乘客提供等車時長等信息；出租車上的「北斗」衛星系統讓乘客約車更加便利；「共享單車」應用「北斗」設置電子圍欄，可解決亂停亂放、管理困難的問題；校車上的「北斗」衛星系統可對行駛中的校車進行監控，保障學生的交通安全。

「北斗」衛星系統應用於校車監控，保障學生安全。

「北斗」衛星系統應用於抗震救援導航

「北斗」衛星系統的防災減災應用

　　「北斗」衛星系統具有全國範圍內實時救災指揮調度、應急通信、災情信息快速上報與共享等功能，可提高應急救援的反應能力和決策能力。2008 年汶川地震時，中國衛星導航定位應用管理中心提供了 1000 多台「北斗」用戶機，克服震區通信中斷的難題，保證了救援部隊與指揮部之間的聯絡。2017 年，天津、遼寧、上海、江蘇等地定製了災情直報型、車輛導航監控型、應急救援型等「北斗」終端 5 萬餘台，廣泛用於防災減災工作。

「北斗」衛星系統在電力行業的應用

　　電力系統的安全運行需要高精度的時間同步，「北斗」衛星系統的精確授時功能可幫助解決這一難題。其短報文通信功能也逐漸被應用於「北斗」抄錶設備，實現了偏遠地區、無通信信號覆蓋區域的電力數據採集。基於「北斗」衛星系統的時間同步裝置、「北斗」指揮機、「北斗」手持機、配電終端、「北斗」車載終端等產品陸續被研發出來。未來，無人機線路巡檢和「北斗」衛星綜合應用服務平台都將逐步成為現實。

「北斗」衛星系統應用於公安系統警衞、安保、維穩、反恐等。

「北斗」衛星系統應用於電力設備

「北斗」衛星系統在公安行業的應用

　　反恐、維穩、警衞、安保等公安業務具有高度的敏感性和保密性，「北斗」衛星系統可以保障公安工作的安全、高效。2020 年前，中國將通過「北斗」衛星系統，實現警車衛星定位終端全配備，手持定位終端設備 80% 以上配備。基於「北斗」的公安信息化系統和移動警務系統，可運用在公安車輛指揮調度、民警現場執法、應急事件信息傳輸等方面，提高警方的響應速度與執行效率。

「實踐」系列衞星

　　中國的空間科學與技術試驗衞星以「實踐」系列衞星為主。從 1970 年開始研製「實踐一號」衞星至今,中國共發射並成功運行了 20 多個型號的「實踐」系列衞星。這些衞星見證了中國空間科學探測和空間試驗技術水平的穩步提升。

「實踐一號」衞星

「實踐一號」衞星

　　「實踐一號」衞星是在「東方紅一號」衞星基礎上改進而來的,增加了太陽能供電系統、無源主動温控系統、遙測系統和一些科學儀器。衞星外形為 72 面球形多面體,其中 28 面貼有太陽能電池片,設計壽命為 1 年。「實踐一號」於 1971 年 3 月 3 日成功發射,實際在軌運行了 8 年多,為中國人造衞星技術的發展做出了重要的貢獻。

「實踐二號」衞星

「實踐二號」衞星

　　「實踐二號」衞星是中國第一顆專門用於空間物理探測的科學試驗衞星,於 1981 年 9 月 20 日成功發射。衞星攜帶了 11 台科學儀器,執行了高空磁場、X 射線、宇宙射線、外熱流等 8 個項目的空間物理探測任務。與「實踐二號」衞星一同進入太空的還有「實踐二號」A 星和 B 星,這標誌着中國成為世界上第三個掌握「一箭多星」技術的國家。

「實踐五號」衞星

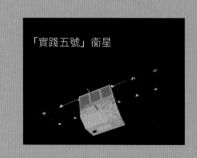

「實踐五號」衞星

　　「實踐五號」衞星是一顆空間科學試驗小衞星,主要用於空間單粒子翻轉測量及對策研究試驗、微重力流體科學實驗、空間高能帶電粒子環境研究和載人航天工程的一些先期技術試驗等。「實踐五號」衞星於 1999 年 5 月 10 日成功發射,在軌正常運行 3 個月,圓滿完成全部任務。這顆衞星是中國第一顆採用公用平台思想設計的科學試驗小衞星。

「實踐六號」衞星

　　每組「實踐六號」衞星由 A 星和 B 星兩顆衞星組成,主要進行空間環境探測、空間輻射環境和效應探測、空間物理環境參數探測,以及其他相關的科學實驗,衞星設計壽命為 2 年以上。每隔兩年,一組新的衞星會被發射,以替換前一組衞星。2004 年 9 月至 2010 年 10 月,共有 4 組 8 顆「實踐六號」衞星成功發射。

「實踐八號」衛星

　　「實踐八號」衛星是中國首顆專門用於航天育種研究的返回式科學技術試驗衛星。於 2006 年 9 月 9 日發射，在軌運行 15 天後被成功回收。衛星裝載了糧、棉、蔬菜、林果、花卉等 2000 餘份種子和菌種，用於開展空間環境下的誘變育種試驗和機理研究，了解空間環境對植物生殖生長的影響。回收的種子經過育種篩選，用於培育高產、優質、高效的優異新品種，為提升中國農作物綜合生產能力提供了技術支撐。

被「實踐八號」送上太空的小麥和培養基中的小麥苗

「實踐九號」衛星

　　「實踐九號」衛星由 A 星和 B 星組成，於 2012 年 10 月 14 日以一箭雙星的方式成功發射。該衛星主要用於新技術試驗，以提升中國航天產品國產化能力。「實踐九號」在軌進行了 24 類中國衛星發展急需的新產品驗證，及 20 餘種國產核心元器件和原材料的考核評價。

「實踐十號」衛星示意圖

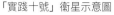

「實踐十號」衛星

　　「實踐十號」衛星是中國首顆微重力科學實驗衛星，於 2016 年 4 月 6 日發射升空，4 月 18 日被成功回收。「實踐十號」利用太空中的特殊環境完成了 19 項科學實驗，涉及微重力流體物理、微重力燃燒、空間材料科學、空間輻射效應、重力生物效應、空間生物技術六大領域，研究並揭示了微重力條件和空間輻射條件下物質運動及生命活動的規律。

科研人員拆解「實踐十號」返回艙內的搭載物

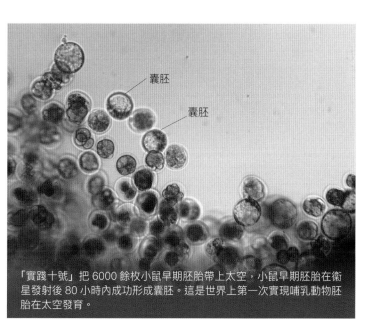

囊胚

囊胚

「實踐十號」把 6000 餘枚小鼠早期胚胎帶上太空，小鼠早期胚胎在衛星發射後 80 小時內成功形成囊胚。這是世界上第一次實現哺乳動物胚胎在太空發育。

「實踐十三號」衛星

　　「實踐十三號」衛星是中國首顆高通量通信衛星，採用「東方紅三號」B 衛星平台，設計壽命為 15 年，於 2017 年 4 月 12 日成功發射。「實踐十三號」圓滿完成了高軌衛星對地高速激光雙向通信、電推進技術、Ka 頻段寬帶通信載荷系統、高效熱控技術、鋰離子蓄電池技術等 11 個試驗項目，完成了「東方紅三號」B 平台功能和性能指標的考核，開展了寬帶多媒體衛星通信系統業務試驗。2018 年 1 月 23 日，「實踐十三號」完成在軌交付，納入「中星」衛星系列，並被命名為「中星十六號」衛星，開始正式為中國地區等區域用戶提供通信服務。

「實踐十七號」衛星

　　「實踐十七號」衛星是地球同步軌道新技術驗證衛星，採用「東方紅三號」B 衛星平台，於 2016 年 11 月 3 日成功發射。衛星對空間碎片觀測、新型太陽能電源技術、無毒推進系統、霍爾電推力器、新型測量技術等多項新技術開展了驗證工作，並進行了地球同步軌道通信廣播試驗。

空間科學與技術試驗衛星

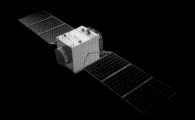

除了「實踐」系列衛星，中國還發射了「悟空」暗物質粒子探測衛星、「慧眼」硬 X 射線調製望遠鏡衛星、「墨子號」量子科學實驗衛星等多顆空間科學與技術試驗衛星。這些衛星在空間環境探測、空間科學研究以及新技術試驗等方面發揮了積極的作用。

地球空間雙星探測計劃

地球空間雙星探測計劃簡稱「雙星計劃」，主要用於研究太陽活動和行星際擾動對地球環境的影響，為空間活動安全和人類生存環境提供科學數據和對策。雙星計劃包括「探測一號」和「探測二號」兩顆衛星，分別於 2003 年 12 月 31 日和 2004 年 7 月 25 日成功發射。它們是兩顆以大橢圓軌道繞地球運行的微小衛星，分別對地球近赤道區和極區兩個地球空間環境進行寬能譜粒子、高精度磁場及其波動的探測。它們共同構成了星座式探測體系，同時可以與歐洲航天局的「星簇計劃」聯合，組成地球空間六點探測星座。

「慧眼」硬 X 射線調製望遠鏡衛星

「慧眼」是中國首個大型天文望遠鏡，於 2017 年 6 月 15 日發射升空。它主要觀測由黑洞或中子星與正常恆星組成的 X 射線雙星系統，並監測 γ 射線暴。「慧眼」裝載了高能、中能、低能 X 射線望遠鏡和空間環境監測器 4 個有效載荷，可觀測 1 ～ 250 千電子伏特能量範圍的 X 射線，並可實現對 γ 射線暴的全天監測。其科學目標為通過 X 射線巡天觀測和高精度定點觀測，發現新的天體或已知天體的新活動等。

「張衡一號」電磁監測試驗衛星

「張衡一號」是中國首個地球物理場探測衛星，也是中國地震立體觀測體系的首個天基平台，於 2018 年 2 月 2 日成功發射。衛星攜帶了高精度磁強計、感應式磁力儀、電場探測儀等 8 種科學探測儀器，還搭載了意大利提供的高能粒子探測器和奧地利提供的絕對磁場校準裝置。「張衡一號」可通過獲取空間電磁場、電磁波、電離層等離子體等科學數據，對中國及周邊地區進行電離層多種物理量動態準實時監測；開展全球 7 級、中國 6 級以上地震電磁信息分析研究，探索地震電離層響應變化的信息特徵及其機理，為地震觀測研究提供有價值的信息。

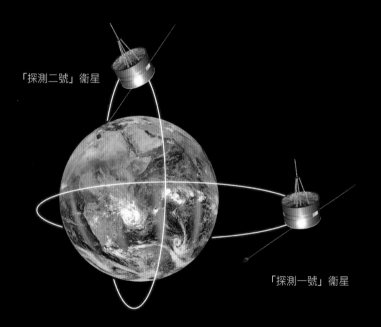

「探測二號」衛星

「探測一號」衛星

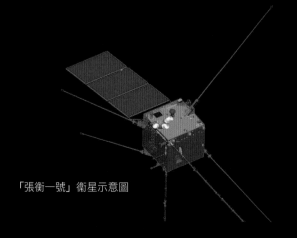

「張衡一號」衛星示意圖

全球二氧化碳監測科學實驗衛星

全球二氧化碳監測科學實驗衛星簡稱「碳衛星」，是中國首顆全球二氧化碳監測科學實驗衛星，於 2016 年 12 月 22 日成功發射。它攜帶了高光譜與高空間分辨率二氧化碳探測儀、多譜段雲與氣溶膠探測儀等主要科學儀器，能夠實現對大氣中二氧化碳等溫室氣體濃度的高精度探測，進而推演出全球溫室氣體濃度分佈的數據，繪製二氧化碳分佈的全景圖。通過對全球大氣中二氧化碳濃度的動態監測，掌握二氧化碳的全球分佈規律和機理，衛星可以為全球氣候變化提供豐富的監測數據。

「悟空」暗物質粒子探測衛星

2015 年 12 月 17 日，「長征二號」D 運載火箭成功將暗物質粒子探測衛星「悟空」發射升空。暗物質是宇宙中大量存在的物質，但卻很難觀測到，因此科學家們將其比作「籠罩在 21 世紀物理學天空的烏雲」。目前，科學家們主要利用中微子、γ 射線、宇宙線等暗物質湮滅的產物來進行間接測量和反推。中國自主研製的暗物質粒子探測衛星正在探尋暗物質存在的證據，研究暗物質特性與空間分佈規律。

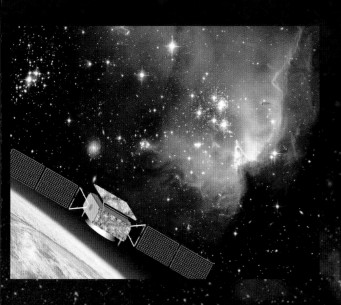

科學家們用古代神話中神通廣大的孫悟空的名字命名這顆暗物質粒子探測衛星，希望它能夠用「火眼金睛」探測到暗物質。

「墨子號」衛星和地面之間建立鏈路需要比「針尖對麥芒」更精準的技術

「墨子號」量子科學實驗衛星

2016 年 8 月 16 日，「墨子號」量子科學實驗衛星發射升空。「墨子號」的任務是借助衛星平台進行星地高速量子密鑰分發實驗，並在此基礎上進行廣域量子密鑰網絡實驗，以期在空間量子通信實用化方面取得重大突破。它的另一個任務是在空間尺度進行量子糾纏分發和量子隱形傳態實驗，開展空間尺度量子力學完備性檢驗的實驗研究。「墨子號」衛星的成功發射，將使中國在世界上首次實現衛星和地面之間的量子通信，構建天地一體化的量子保密通信與科學實驗體系。

位於新疆南山、青海德令哈、河北興隆、雲南麗江的 4 個量子通信地面站，以及西藏阿里量子隱形傳態實驗站，與「墨子號」合作完成實驗任務。

新疆南山地面站

河北興隆地面站

青海德令哈地面站

西藏阿里地面站

雲南麗江地面站

中國載人航天工程

中國載人航天的探索始於20世紀60年代。1992年9月21日，中國政府正式批准實施中國載人航天工程，並確定了載人航天「三步走」的發展戰略。1999年～2018年，中國已將11艘「神舟」飛船、1艘「天舟」貨運飛船、1個目標飛行器和1個空間實驗室送上預定軌道，實現了載人天地往返、航天員出艙活動、空間交會對接、空間實驗室建設、航天員長時間太空駐留、貨運飛船發射及推進劑在軌補加等多項技術的跨越，獲得了許多重要的空間科學應用成果。

「三步走」發展戰略

1992年9月21日，中國政府決定實施載人航天工程，並確定了「三步走」的發展戰略。第一步，完成載人飛船工程，發射載人飛船，建成初步配套的試驗性載人飛船工程，開展空間應用實驗。第二步，完成空間實驗室工程，突破航天員出艙活動技術、空間飛行器的交會對接技術，發射空間實驗室，研製貨運飛船，解決有一定規模的、短期有人照料的空間應用問題。第三步，完成空間站工程，建造空間站，解決有較大規模的、長期有人照料的空間應用問題。

載人航天工程進展

1999年～2005年，「神舟一號」至「神舟六號」6艘飛船的成功發射，意味着中國載人航天工程走完了第一步，建成了初步配套的試驗性載人飛船工程。2008年開始，中國載人航天工程進入第二階段。「神舟七號」至「神舟十一號」5艘飛船、「天宮一號」飛行器、「天宮二號」空間實驗室、「天舟一號」貨運飛船等任務的成功，標誌着航天員出艙活動、航天器空間交會對接等關鍵技術取得了突破。根據計劃，中國將在2022年前後建成自己的空間站，邁向空間站工程階段。

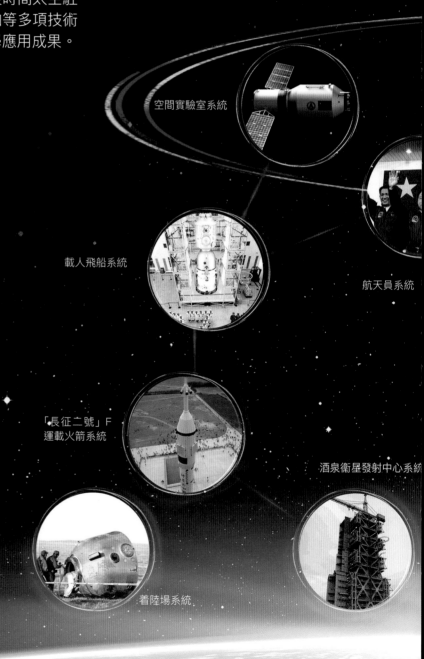

空間實驗室系統

載人飛船系統

航天員系統

「長征二號」F
運載火箭系統

酒泉衛星發射中心系統

着陸場系統

載人航天工程的系統組成

中國載人航天工程由 14 個分系統組成，分別是航天員系統、空間應用系統、載人飛船系統、「長征二號」F 運載火箭系統、「長征七號」運載火箭系統、「長征五號」B 運載火箭系統、酒泉衛星發射中心系統、文昌航天發射場系統、測控通信系統、着陸場系統、空間實驗室系統、貨運飛船系統、空間站系統和光學艙系統。載人航天工程規模龐大，涉及全國一百多個研究院所、三千多個協作單位和數十萬工作人員。

空間應用系統

載人空間站系統

光學艙系統

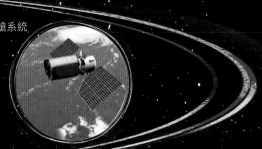

貨運飛船系統

「長征五號」B 運載火箭系統

測控通信系統

「長征七號」運載火箭系統

文昌航天發射場系統

載人航天精神

在長期的奮鬥中，中國的航天工作者們不僅創造了非凡的業績，還鑄就了「特別能吃苦、特別能戰鬥、特別能攻關、特別能奉獻」的載人航天精神。一代代的中國航天人自力更生，艱苦奮鬥，秉持並傳承着載人航天精神，向着實現航天夢、強國夢、中國夢的目標勇敢前進。

中國載人航天標誌象徵着科技、冷靜與智慧。圖形創意源於中國空間站的外形，以及火箭騰空時的烈焰。

中国载人航天

「神舟」載人飛船

　　「神舟」飛船是中國自主研製的載人飛船系列。1999 年 11 月，「神舟一號」飛船成功進行了首次無人飛行試驗；2003 年 10 月，「神舟五號」飛船成功實施載人飛行。截至 2018 年底，中國已成功發射「神舟一號」至「神舟十一號」共 11 艘飛船，其中載人任務 6 項，無人任務 5 項。「神舟」飛船目前已完成地球軌道航天員安全往返、空間出艙活動、空間交會對接等任務，還進行了空間材料實驗、空間環境探測等工作。

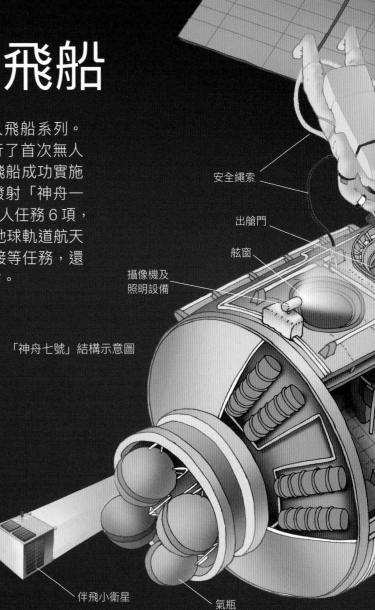

安全繩索

出艙門

舷窗

攝像機及
照明設備

「神舟七號」結構示意圖

伴飛小衛星

氣瓶

「神舟」載人飛船的結構

　　「神舟」飛船由推進艙、返回艙和軌道艙三個艙段組成。推進艙不乘坐人，主要功能是提供電源和動力，飛船所需要的電、氣、液和推進劑也都由它供給，相當於飛船的「後勤總管」。返回艙和軌道艙是航天員的辦公室兼臥室。返回艙是航天員的座艙和整個飛船的控制中心，也是飛船唯一可以返回着陸的艙段。軌道艙內裝有各種實驗儀器和設備，與返回艙相通.它有點像「多功能廳」，既是航天員工作、吃飯、睡覺、娛樂、洗漱和上廁所的場所，也可作為航天員出艙時使用的氣閘艙。

舒適的小家

　　在太空中，航天員的體姿介於坐和站立之間，經常是「駝背」姿勢。因此，飛船上所有的扶手、操作台的設計，以及座椅與儀錶控制台的距離，都不是按地面上人的坐姿和站姿的高度計算的，而是以「駝背」姿勢的高度為依據。為防止碰傷航天員，飛船裏的「家具」邊沿為圓角。船上所有的電源插座都有防錯設計，如果不小心插錯了插頭，插座會「一口」回絕你。飛船操作台上的按鈕和開關都做得比地面上的大，相互間的間隙也很大，以免航天員戴手套時觸摸不方便。一些重要的按鈕、開關還設置了安全鎖，即使誤碰也沒有關係。

返回艙裏最多有 3 個座椅，對面是整塊儀錶板和按鈕，航天員不需要抬頭或低頭，就能很舒服地觀察和操作。兩個主顯示屏既可互為備份，也可顯示不同內容，旁邊 6 個小顯示屏顯示的是飛船的各種數據。

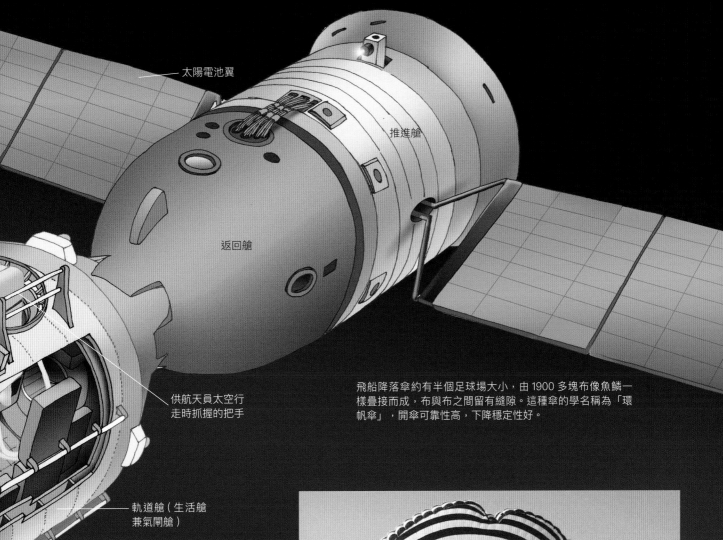

太陽電池翼

推進艙

返回艙

供航天員太空行
走時抓握的把手

軌道艙（生活艙
兼氣閘艙）

供航天員太空行
走時抓握的把手

「神舟」飛船總長約 8.8 米，起飛質量約 8 噸，
返回艙最大直徑約 2.5 米，最多乘坐 3 人。飛船
自主飛行天數最多 7 天。飛船可供航天員活動的
空間約為 6 立方米。

飛船降落傘約有半個足球場大小，由 1900 多塊布像魚鱗一
樣疊接而成，布與布之間留有縫隙。這種傘的學名稱為「環
帆傘」，開傘可靠性高，下降穩定性好。

 返回艙中放置的兩個
紅包是幹甚麼用的？

返回艙中有兩個紅包，包中裝着航天
員的應急救生物資。一個包裹裝着橡皮
筏，充氣後可在水面上供航天員乘用；另
一個包是航天員的救生包，有應急食品、
飲水、衛星定位儀、防風塵太陽鏡、抗風
火柴、匕首和急救藥包等，包內還有海水
染色劑，一旦返回艙落入海中，染色劑可
將海水染色，便於空中搜救人員找尋。

飛船「保護傘」

　　當飛船返回艙下降到距地面 15 公里時，其下降速度逐漸穩定在 200 米 / 秒左右，
這時再減速就要靠降落傘了。在同等載荷情況下，傘的面積越大，減速效果越好。
「神舟」飛船主降落傘的面積足有 1200 平方米，是世界上最大的飛船降落傘。從
傘頂拎起，算上傘衣、傘繩和吊帶，一副降落傘約 70 米長。降落傘由特殊材料製成，
薄如蟬翼，卻非常結實。整個傘鋪在地上有小半個足球場那麼大，可疊起來卻只有
一個提包大，重量僅 90 多公斤，體積不到 0.18 立方米。

「天宮一號」目標飛行器

　　「天宮一號」是中國第一個目標飛行器，於 2011 年 9 月 29 日在酒泉衛星發射中心發射。2011 年～ 2013 年，「天宮一號」分別與「神舟八號」「神舟九號」和「神舟十號」飛船成功自動、手動交會對接。「天宮」和「神舟」連接起來足有19米長，供航天員活動的場所有 15 立方米。「天宮一號」設計壽命 2 年，實際在軌工作近 5 年。「天宮一號」任務的完成，標誌着中國載人航天工程空間交會對接任務的圓滿完成。

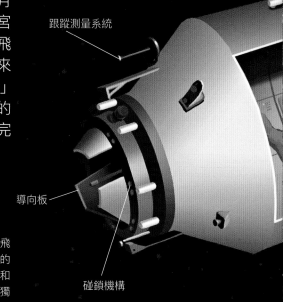

跟蹤測量系統

導向板

碰鎖機構

「天宮一號」的任務

　　「天宮一號」由實驗艙和資源艙構成，全長 10.4 米，最大直徑 3.35 米，起飛質量約 8.5 噸，可同時滿足 3 名航天員工作和生活的需要。完成與「神舟」飛船的交會對接後，「天宮一號」的主要任務是：保障航天員在軌短期駐留期間的工作和生活，保證航天員安全；開展各項空間科學實驗；初步建立短期載人、長期無人獨立可靠運行的空間實驗平台，為建造空間站積累經驗等。2013 年 9 月，「天宮一號」圓滿完成了其歷史使命。

「天宮一號」在地面進行測試，我們可看到裏面的佈局。

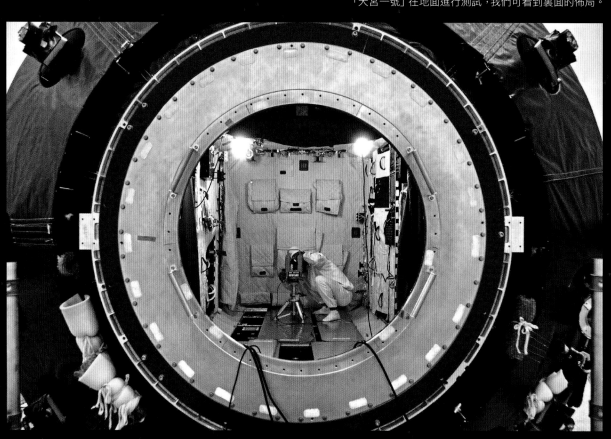

中國兒童太空百科全書 中國航天

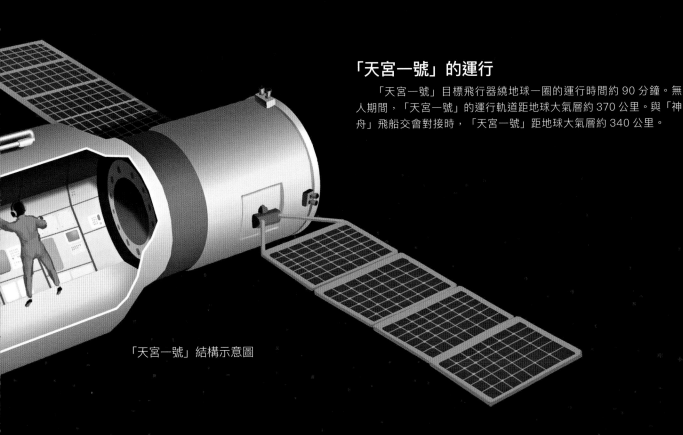

「天宮一號」的運行

　　「天宮一號」目標飛行器繞地球一圈的運行時間約 90 分鐘。無人期間,「天宮一號」的運行軌道距地球大氣層約 370 公里。與「神舟」飛船交會對接時,「天宮一號」距地球大氣層約 340 公里。

「天宮一號」結構示意圖

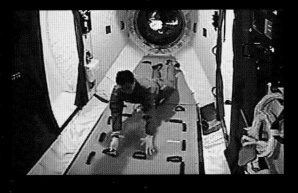

「天宮一號」超期服役

　　「天宮一號」在超期服役的時間裏開展了航天技術試驗、對地遙感應用和空間環境探測,驗證了低軌長壽命載人航天器設計、製造、管理、控制等相關技術,獲取了大量有價值的數據信息和應用成果,為空間站的建設運營和載人航天成果的應用推廣積累了經驗。2016年 3 月 16 日,「天宮一號」正式終止數據服務,進入軌道衰減期。2018 年 4 月 2 日,「天宮一號」再入大氣層,絕大部分器件在這一過程中燒毀,殘骸落於南太平洋中部地區。

「長征二號」F 運載火箭與「天宮一號」轉場準備發射

「天宮」裏面好熱鬧

　　為了便於航天員在失重飄移狀態下手腳着力,「天宮一號」裏設置了三十多個手腳限位器,這是艙內最多的設施。在這裏,航天員不僅完成了各項探測任務,進行更換地板、艙內無線通信等試驗,還可以上網、發微博、打太極拳、開設太空講堂,日子過得很熱鬧。航天員的食物也非常豐富,有罐頭食品、脫水食品、自然型食品等。這些標誌着作為交會對接目標飛行器的「天宮一號」,正在向空間多用途載人實驗平台轉變。

空間交會對接

　　空間交會對接是指兩個或多個航天器在空間軌道上會合並連成一個整體的技術，被人們形象地稱為「牽手」。這項技術是實現空間站建設、補給、維修、航天員交換及營救的先決條件。中國已實現了「神舟八號」「神舟九號」「神舟十號」飛船與「天宮一號」目標飛行器的交會對接，以及「神舟十一號」飛船與「天宮二號」空間實驗室的交會對接。交會對接過程主要分為遠距離導引段、自主控制段和對接段三個階段。

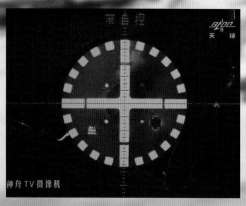

「天宮一號」目標飛行器「注視」着即將對接的「神舟九號」飛船。2012 年 6 月 24 日，這兩個航天器手控對接成功。

神舟 TV 攝像机　　神舟返回艙

2016 年 10 月 19 日凌晨，「神舟十一號」飛船與「天宮二號」空間實驗室對接成功，航天員景海鵬和陳冬在「神舟十一號」飛船裏豎起大拇指表示祝賀。

「神舟八號」

「天宮一號」

交會對接的方式

　　根據航天員介入的程度和智能控制水平的不同，交會對接分為自動和手動等操作方式。2011 年 11 月 3 日，「神舟八號」飛船與「天宮一號」實現無人自動交會對接。2012 年 6 月 24 日，「神舟九號」飛船與「天宮一號」實現航天員手動交會對接。2013 年 6 月，「神舟十號」飛船與「天宮一號」先後成功進行自動交會對接、手動交會對接、分離、再對接技術演練。2016 年 10 月 19 日，「神舟十一號」飛船與「天宮二號」自動交會對接成功。中國成為繼俄羅斯和美國後，世界上第三個完全掌握空間交會對接技術的國家。

「百米穿針」的功夫

　　航天器在空間對接時要先交會，即相互接近，通過軌道參數的協調，在同一時間到達空間同一位置，然後不斷微調，使兩個航天器逐步達到零距離，最終啟動對接機構在機械上聯成一體，形成更大的航天器複合體。在交會對接過程中，即使是一個很小的誤差，也會將飛船拋到離目標飛行器很遠的地方。因此，航天員將手控交會對接形象地稱為「百米穿針」。

航天員景海鵬、劉旺在模擬返回艙內進行手控交會對接訓練

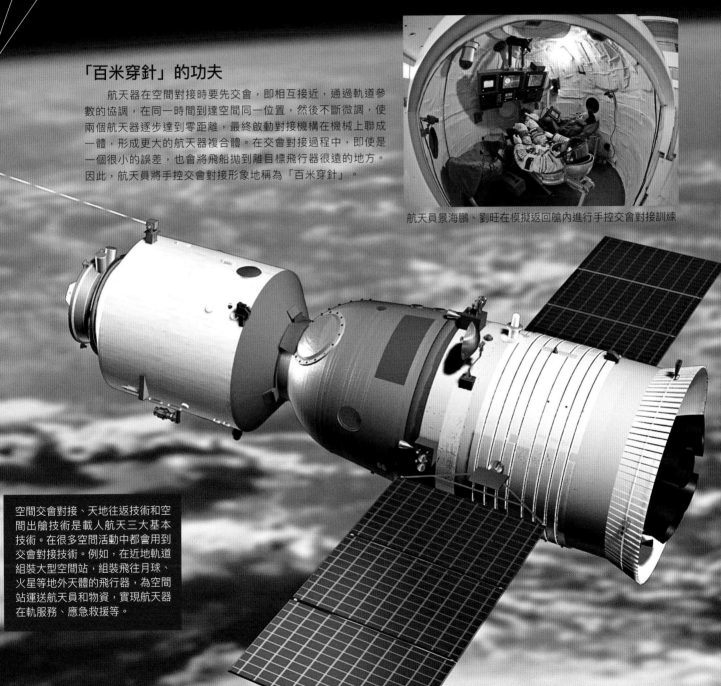

空間交會對接、天地往返技術和空間出艙技術是載人航天三大基本技術。在很多空間活動中都會用到交會對接技術。例如，在近地軌道組裝大型空間站，組裝飛往月球、火星等地外天體的飛行器，為空間站運送航天員和物資，實現航天器在軌服務、應急救援等。

「天宮二號」空間實驗室

　　「天宮二號」是中國第一個空間實驗室，於 2016 年 9 月 15 日在酒泉衛星發射中心發射升空。「天宮二號」由實驗艙和資源艙組成，實驗艙由密封艙和非密封艙後錐段組成，密封艙提供航天員駐留場所，適合 2 名或 3 名航天員駐留，在與「神舟十一號」飛船構成組合體後，具有支持航天員駐留不少於 60 天的能力。資源艙為非密封結構，配置推進分系統和太陽電池翼等，提供能源和動力。「天宮二號」設計壽命 2 年，實際在軌運行了 1036 天，於 2019 年 7 月 19 日受控離軌，回到了地球的「懷抱」。

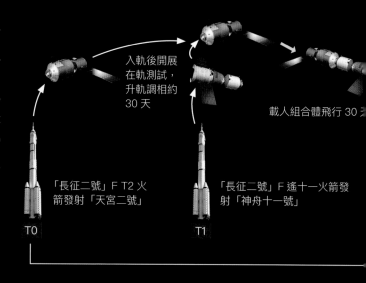

入軌後開展在軌測試，升軌調相約 30 天

載人組合體飛行 30 天

「長征二號」F T2 火箭發射「天宮二號」

T0

「長征二號」F 遙十一火箭發射「神舟十一號」

T1

「天宮二號」的任務

　　「天宮二號」在軌期間，完成與「神舟十一號」載人飛船和「天舟一號」貨運飛船的對接任務。「神舟十一號」上的航天員景海鵬和陳冬，在「天宮二號」與「神舟十一號」飛船構成的組合體中駐留了 30 天。「天舟一號」貨運飛船兩次為「天宮二號」實施了推進劑在軌補加。同時，「天宮二號」還承擔了多項空間科學實驗和技術試驗任務，主要有空間冷原子鐘實驗、綜合材料製備實驗、高等植物培養實驗、γ 暴偏振探測、寬波段成像光譜儀、空地量子密鑰分配試驗、伴隨衛星飛行試驗等，獲得了大量科研成果。

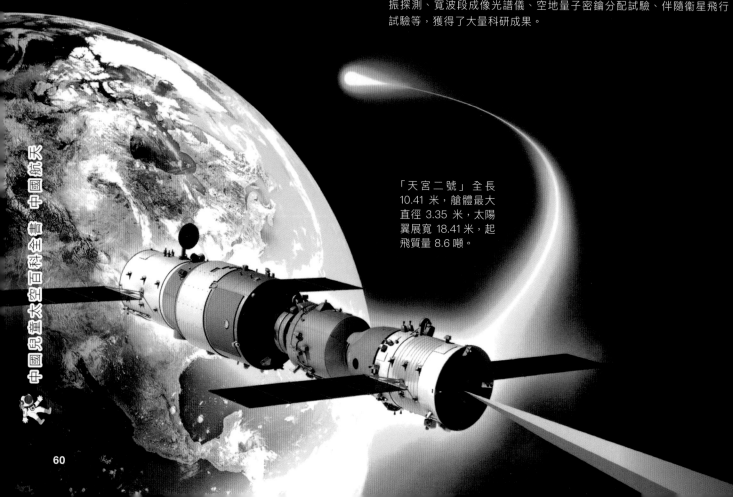

「天宮二號」全長 10.41 米，艙體最大直徑 3.35 米，太陽翼展寬 18.41 米，起飛質量 8.6 噸。

中國兒童太空百科全書 中國航天

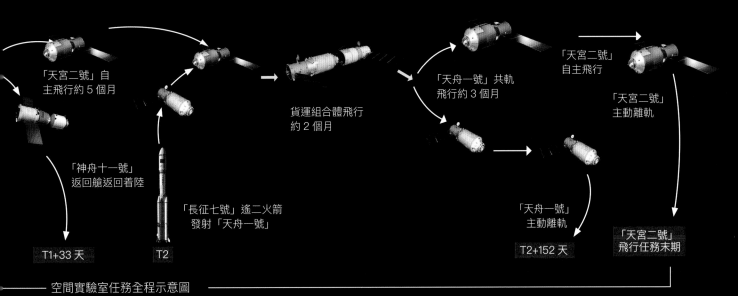

「天宮二號」自
主飛行約 5 個月

「神舟十一號」
返回艙返回着陸

「長征七號」遙二火箭
發射「天舟一號」

貨運組合體飛行
約 2 個月

「天舟一號」共軌
飛行約 3 個月

「天舟一號」
主動離軌

「天宮二號」
自主飛行

「天宮二號」
主動離軌

「天宮二號」
飛行任務末期

T1+33 天　　　T2

T2+152 天

空間實驗室任務全程示意圖

「神舟十一號」載人飛船

2016 年 10 月 17 日，「神舟十一號」飛船在酒泉衛星中心發射升空。這是中國第 6 次載人飛行，也是中國持續時間最長的一次載人飛行，總飛行時間長達 33 天。航天員景海鵬和陳冬乘坐「神舟十一號」入軌後獨立飛行了 2 天，然後與「天宮二號」進行自動交會形成組合體。航天員進駐「天宮二號」，組合體在軌飛行 30 天，開展了航天醫學實驗、空間科學和應用技術、在軌維修空間站技術試驗以及科普活動。完成組合體飛行後，「神舟十一號」撤離「天宮二號」，獨立飛行一天後返回着陸場。

空間實驗室飛行任務

空間實驗室飛行任務包括「天宮二號」空間實驗室、「神舟十一號」載人飛船、「長征七號」運載火箭及「天舟一號」貨運飛船共 3 次飛行任務。通過這 3 次飛行任務，中國突破和掌握了推進劑在軌補加、航天員中期駐留等技術，開展了空間科學實驗與技術試驗，為今後載人航天工程的空間站建設和運營積累經驗。2017 年 9 月，空間實驗室飛行任務圓滿收官，中國載人航天工程開始建設空間站。

「神舟十一號」飛船
上的兩位航天員進入
「天宮二號」

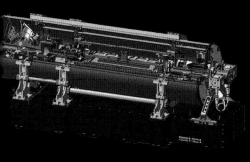

空間冷原子鐘實驗是「天宮二號」的「重頭戲」。這是世界首台在太空運行的冷原子鐘，在軌近兩年時間裏，這台冷原子鐘運行正常、狀態良好、性能穩定，3000 萬年誤差小於 1 秒，將目前人類在太空的時間計量精度提高了上百倍。

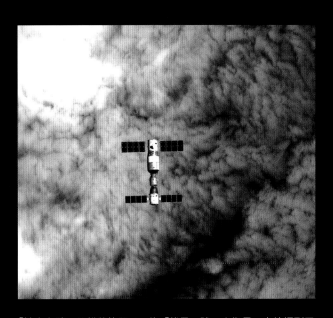

「神舟七號」飛船曾放飛了一枚「伴星一號」小衛星，它拍攝到了「天宮二號」與「神舟十一號」飛船的組合體。這是自 2008 年「伴星一號」觀測「神舟七號」飛船以來，中國第二次在空間近距離獲得載人航天器的全景高分辨率圖像。

「天舟」貨運飛船

應用於「天舟一號」的高強度柔性抗輻照玻璃蓋片

　　為解決有較大規模的、長期有人照料的空間應用問題，不斷給空間站「快遞」物資勢在必行。不久的將來，中國航天員、科學家、太空遊客等可以在空間站長期駐留，這樣就需要為空間站補給大量的工作、生活用品等，空間站也需要推進劑在軌補加。誰來擔任太空中的「快遞小哥」？答案是「天舟」貨運飛船。貨運飛船還可充當空間站的「垃圾桶」。航天員取出貨運飛船帶來的物品後，可將空間站裏的廢棄物搬到貨運飛船上。貨運飛船返回地球時會和廢棄物一起在大氣層中燒毀。

中國貨運飛船

　　「天舟」貨運飛船由中國研製，專門負責為空間站、空間實驗室運輸補給物資和載荷、補加推進劑、在軌存儲和下行廢棄物資。任務結束後飛船會隕落於預定區域，不再返回地面。「天舟」貨運飛船的設計沿用了模塊化思路，不同的貨物艙模塊與推進艙模塊組合，可構成「全密封」「半開放」和「全開放」貨運飛船，這有利於按照不同類型的貨物運輸需求，進行針對性生產。貨運飛船發射的次數和間隔時間，取決於航天員駐留時間的長短、科學實驗的周期以及維修備件的需求。

「天舟一號」貨運飛船

　　「天舟一號」是中國第一艘貨運飛船，具有與「天宮二號」空間實驗室自主快速交會對接、實施推進劑在軌補加、開展空間科學實驗和技術試驗等功能。「天舟一號」為全密封兩艙貨運飛船，由貨物艙和推進艙組成。全長 10.6 米，最大直徑 3.35 米，起飛質量 12.91 噸，太陽能電池帆板展開後最大寬度 14.9 米，物資運輸能力約 6.5 噸，推進劑補加能力約 2 噸，具備獨立飛行 3 個月的能力。

推進艙

貨運艙

「天舟一號」結構示意圖

「天舟一號」貨運飛船進行總裝測試

「天舟一號」的飛行日誌

2017 年 4 月 20 日，「天舟一號」貨運飛船在海南文昌航天發射場由「長征七號」運載火箭成功發射，入軌後與「天宮二號」空間實驗室多次自動交會對接形成組合體。執行任務期間，「天舟一號」飛船先後驗證了快速交會對接、自主繞飛空間站貨物補給、推進劑在軌補加等關鍵技術，為中國空間站的建設和運營積累了經驗。經過近 5 個月的飛行，「天舟一號」與「天宮二號」於 2017 年 9 月 17 日分離。9 月 22 日，在完成空間實驗室階段任務及後續拓展試驗後，「天舟一號」受控離軌再入大氣層燒毀，少量殘骸濺落至南太平洋預定海域。

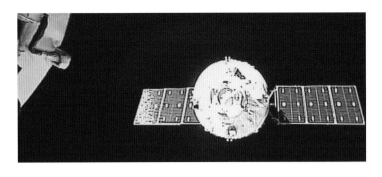

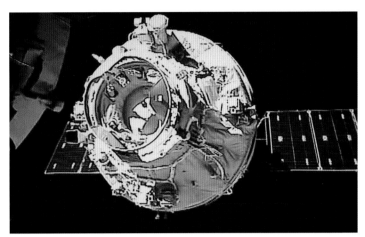

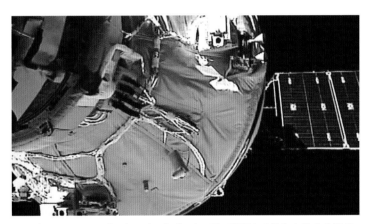

2017 年 4 月 22 日，「天舟一號」與「天宮二號」順利完成首次自動交會對接，在北京航天飛行控制中心大廳大屏幕上，顯示着「天舟一號」向「天宮二號」漸漸靠攏並成功對接的畫面。

「長征七號」運載火箭在文昌航天發射場廠房進行測試

奇思怪問　為甚麼要進行推進劑補加？

推進劑補加可稱為「太空加油」。「天宮二號」空間實驗室、空間站等航天器，並不是被發射到預定軌道就「放任自流」。它們在軌運行期間，需要不斷維持運行軌道和姿態，保證不出現偏移，這樣的調整需要依靠航天器上的發動機來進行。發動機工作會消耗推進劑，但航天器發射時所攜帶的推進劑是有限的，推進劑消耗完畢意味着航天器壽命的終結。而推進劑補加技術則突破了這種局限。通過推進劑補加，航天器可以在太空中「加油」，從而延長壽命。

「神舟」飛船着陸場

載人航天飛行的最後一個環節，是飛船返回艙在着陸場安全着陸，航天員安全出艙。飛船返回時，可不是想落在哪裏就落在哪裏。載人飛船着陸場是經過科學的選擇後確定的，需要滿足嚴格的條件要求。「神舟」飛船的主着陸場位於內蒙古自治區四子王旗，副着陸場在酒泉衞星發射中心附近。

「神舟三號」飛船返回艙在內蒙古自治區四子王旗主着陸場成功落地

着陸場的功能

着陸場主要有四個功能。第一是測控，跟蹤測量返回艙着陸前的一段返回軌道，接收和記錄返回艙和航天員的狀態信息，向返回艙發送遙控指令，並計算預報着陸點；第二是搜救，盡快搜索到返回艙，協助航天員安全出艙，並將航天員、返回艙和有效載荷轉運到指定地點；第三是通信，保障地面與航天員的話音通信，保障着陸場各類數據向航天飛行控制中心的傳輸，保障着陸場區內部的指揮、協調通信；第四是氣象保障，及時提供着陸場區的氣象預報，為確定着陸場和計算重要返回控制參數提供技術支持。

氣象保障人員放飛氣象探空氣球

選擇着陸場

為了保障飛船返回艙和航天員安全着陸，着陸場必須具備四個基本條件：載人飛船從這個地區上空多圈次通過；場地開闊，人口稀少，房屋和高大樹木佔地面積少於千分之一，便於觀察和回收部隊調運；地勢平緩，地表坡度不超過 5 度，坡長不超過返回艙周長的 5 倍，地表結實，保證飛船軟着陸後平穩等待回收；氣候條件好，影響飛船返回艙安全着陸的危險天氣較少。為提高載人航天任務的安全性和可靠性，除選擇一個主着陸場外，還要準備一個與主着陸場氣象條件不同的副着陸場。

着陸場中跟蹤、捕獲飛船返回艙的大型光學跟蹤記錄儀

航天員出艙後，技術人員現場對返回艙進行處置。

技術人員協助航天員安全出艙

着陸場內的搜救工作

搜救是着陸場系統最重要的工作，分為正常搜救和應急搜救。正常搜救主要依靠直升機和地面車輛。當火箭、飛船出現故障緊急返回或飛船着陸偏離預定地點時，就需要進行陸地或海上的應急搜救。着陸場系統在國內安排了 3 個陸上應急着陸區，主要依靠固定翼飛機、傘兵、着陸區附近的直升機、醫院等進行聯合營救；在海上設置了 3 個濺落區，主要靠交通運輸部救撈局的 3 艘打撈船進行應急搜救。

搜救人員在海上進行飛船搜救演練

四子王旗主着陸場

四子王旗着陸場是「神舟」飛船的主着陸場，位於內蒙古自治區烏蘭察布市四子王旗阿木古郎牧場。着陸場海拔 1000 ～ 1400 米，面積 2000 多平方公里，屬沙質草原，地勢平坦開闊，全年乾燥少雨，空氣能見度高。這個地區以畜牧業經濟為主，牧民基本定居，人煙稀少，每平方公里人口不超過 10 人。如果主着陸場出現不利於返回艙着陸的危險天氣，可以啟用酒泉衛星發射中心附近的副着陸場。

2008 年 9 月 28 日，「神舟七號」飛船的返回艙在四子王旗主着陸場成功着陸。

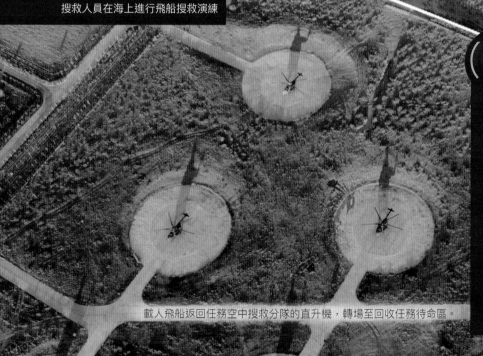

載人飛船返回任務空中搜救分隊的直升機，轉場至回收任務待命區。

奇聞怪問　為甚麼氣象條件對飛船着陸很重要？

主着陸場的氣象條件是飛船按時返回的關鍵。飛船返回艙將在離地面 10 公里左右的高度打開降落傘，緩緩飄向地面。如果風力過大，飛船可能會飄出指定區域，增加搜救難度。如果地面風速過快，飛船降落地面後，面積達 1200 平方米的巨型降落傘可能會拖着返回艙在地面高速翻滾，對航天員的生命安全造成威脅。雷電天氣更是危險，因為返回艙為金屬材質，雷電可能會對返回艙內的通信設備和電子元件造成破壞。

中國空間站

　　2010 年 9 月 25 日，中國載人空間站工程正式啟動。中國空間站的任務目標是：2016 年前後，研製並發射 8 噸級空間實驗室，突破和掌握航天員中期駐留、再生式生命保障以及貨運飛船補加等空間站關鍵技術，開展一定規模的空間應用；2020 年前後，研製並發射基本模塊為 20 噸級艙段組合的空間站，突破和掌握近地空間站組合體的建造和運營技術、近地空間長期載人飛行技術，開展較大規模的空間應用，提供先進的空間技術平台。

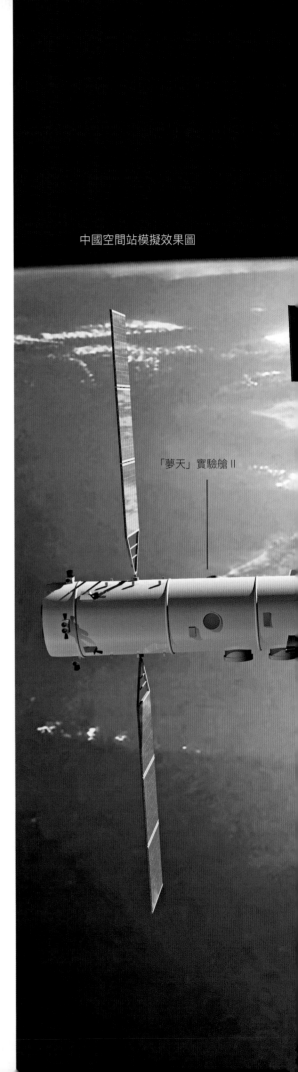

中國空間站模擬效果圖

「夢天」實驗艙 II

中國空間站核心艙

　　核心艙是空間站的主控艙段，是空間站的管理和控制中心，也是航天員的「起居室」。它由節點艙、生活控制艙和資源艙組成，全長約 18.1 米，最大直徑約 4.2 米，發射質量 20 ～ 22 噸。核心艙的主要任務是為航天員提供居住環境，支持航天員的長期在軌駐留，支持飛船和擴展模塊對接停靠，並開展少量的空間應用實驗。核心艙有 2 個停泊口和 3 個對接口。停泊口用於對接 2 個試驗艙，對接口用於對接載人飛船和貨運飛船，還可供航天員出艙。

中國空間站配有機械臂，用於在軌組裝和艙外作業。機械臂的手部仿造了人類手掌，航天員將操控裝置佩戴在手上，就能實現機械臂與航天員手部動作的聯動。

中國空間站實驗艙

　　中國空間站的兩個實驗艙全長均約 14.4 米，最大直徑均約 4.2 米，發射質量均約 20 ～ 22 噸。空間站核心艙以組合體控制任務為主，實驗艙 II 以應用實驗任務為主，實驗艙 I 兼有二者功能。實驗艙 I、實驗艙 II 先後發射，它們具備獨立飛行功能，與核心艙對接後形成組合體，可開展長期在軌駐留的空間應用和新技術試驗，並對核心艙平台功能予以備份和增強。實驗艙將配備具有國際化標準接口的科學實驗櫃，用於開展空間科學實驗。

「長征五號」B 運載火箭將把空間站的核心艙和實驗艙送上太空

中國空間站的組成

中國空間站由核心艙、實驗艙Ⅰ、實驗艙Ⅱ、「神舟」載人飛船和「天舟」貨運飛船五個模塊組成。基本構型為「T」字形，核心艙居中，實驗艙Ⅰ和實驗艙Ⅱ分別連接於兩側，三艙組合體質量約 66 噸，可在軌運營 10 年以上，並可根據科學研究的需要增加新的艙段，延長使用壽命。空間站在軌運行期間，由載人飛船提供乘員運輸，由貨運飛船提供補給支持。未來還將發射一個「巡天」光學艙，與空間站共軌飛行。

「神舟」載人飛船

「問天」實驗艙Ⅰ

「天和」核心艙

「天舟」貨運飛船

中國空間站額定乘員 3 人，乘員輪換期間短期可達 6 人，具備 10 多噸載荷設備的安裝和支持能力，將於 2022 年前後完成在軌建造。

百裏挑一的精英

　　1995 年 12 月至 1997 年 4 月，通過對 3000 多名優秀空軍飛行員的層層選拔，國家航天局最終選定了 12 人。他們與先期選拔的 2 名航天教練員一同成為中國的首批航天員。1998 年 1 月，中國人民解放軍航天員大隊正式組建。成為航天員，不僅要符合年齡、文化程度、身體狀況、飛行技術等基本條件，還要有對特殊環境的良好適應能力，心理狀態要足夠穩定，能夠臨危不亂。經過嚴格的考核與評定，中國先後選拔的 21 名航天員全部具備獨立執行載人航天飛行任務的能力，創造了世界航天員訓練零淘汰率的紀錄。

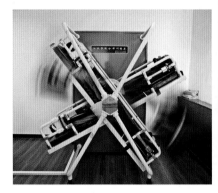

為了提高對失重環境的適應能力，航天員需要接受血液重新分佈訓練。

艱苦的訓練

　　航天員經常擠在狹小的飛船模擬艙內，進行飛行程序和應急工況訓練，每次訓練長達三四個小時，脫掉航天服時，汗水早已濕透內衣。進行離心機耐力訓練時，他們要承受 4 ～ 8 倍重力加速度，相當於身上壓了高於體重 4 ～ 8 倍的沉重巨石，不僅難以活動，而且呼吸困難，心跳加快。如果挺不住，航天員可以按暫停按鈕，但沒有一個人碰過這個按鈕。為了應對飛行任務中可能出現的突發情況，航天員需要接受野外求生技能的訓練，如沙漠救生訓練，跳傘訓練等。

離心機訓練

跳傘訓練

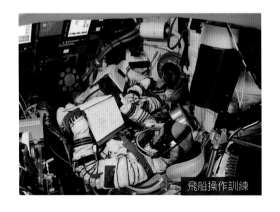

飛船操作訓練

沙漠救生訓練

航天員在大飛機裏進行失重訓練

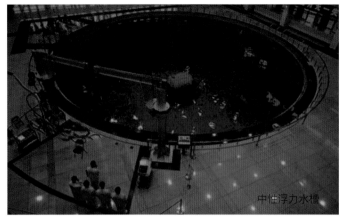
中性浮力水槽

模擬失重

　　由於地球引力的存在，在地面上幾乎無法獲得持續長時間的失重環境。為此，科學家想出了一個辦法，他們建造了一個圓筒形的大水池，稱為中性浮力水槽。水槽直徑 23 米，水深 10 米，水槽裏面放置了 1：1 的航天器模型。航天員穿上水下訓練航天服，加上配重或配浮裝置，沉入水下後會達到中性浮力狀態。此時，航天員感到的漂浮感與太空失重狀態非常相似。「神舟七號」飛船的航天員就是在水槽中完成出艙活動的各種訓練的。

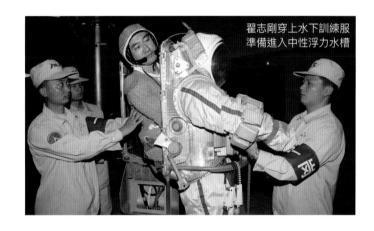
翟志剛穿上水下訓練服準備進入中性浮力水槽

當完全浸入水中的物體浮力等於它的重量時，這個浮力稱為中性浮力。在中性浮力下，物體可以靠浮力與重力的平衡停留在水中的任何位置。

中國航天員

1998 年 1 月 5 日，為滿足中國載人航天事業發展的需要，中國人民解放軍航天員大隊正式成立。20 年以來，大隊成功執行 6 次載人航天飛行任務，11 名航天員遨遊蒼穹，為中國載人航天事業做出了突出貢獻。航天員大隊被中央軍委授予「英雄航天員大隊」榮譽稱號，2017 年 7 月榮立集體一等功。11 名航天員先後被中共中央、國務院、中央軍委授予「航天英雄」「英雄航天員」榮譽稱號。

「神舟六號」航天員費俊龍、聶海勝

飛天航天員

從「神舟五號」飛船到「神舟十一號」飛船，中國航天員大隊共有 11 人 14 人次出征太空，他們是：楊利偉、費俊龍、聶海勝、翟志剛、劉伯明、景海鵬、劉旺、劉洋、張曉光、王亞平、陳冬。目前中國有 21 名航天員，全部來自飛行員隊伍，鑒於空間站任務對航天員的身心素質及專業知識要求更高，從第三批開始，將從與載人航天工程相關的研製部門選拔工程師，加入到航天員的隊伍。隨着載人航天工程的發展，也可能會從醫學專家裏選拔醫生或心理學家。中國空間站建成後，還將從科學家裏選拔航天員。

「神舟七號」航天員景海鵬、翟志剛、劉伯明

「神舟九號」航天員景海鵬、劉旺、劉洋

「神舟十號」航天員聶海勝、張曉光、王亞平

中國航天員羣體被授予「時代楷模」榮譽稱號，楊利偉、費俊龍、聶海勝等 12 名航天員代表在儀式現場莊嚴宣誓。

「神舟十一號」航天員陳冬、景海鵬

中國飛天第一人

　　1983 年，18 歲的楊利偉考入了空軍第八飛行學院。1997 年，他在臨床醫學、航天生理功能指標、心理素質的測試中都達到了優秀，成為預備航天員。2003 年，經載人航天工程航天員選評委員會評定，楊利偉已具備獨立執行航天飛行的能力，被授予三級航天員資格。2003 年 10 月 15 日，中國第一艘載人飛船「神舟五號」成功發射，航天員楊利偉成為浩瀚太空的第一位中國訪客。

中國太空行走第一人

　　2008 年 9 月 25 日～ 27 日，航天員翟志剛、景海鵬、劉伯明乘「神舟七號」飛船飛向太空。9 月 27 日 16 點 43 分 24 秒，翟志剛開始出艙。16 點 45 分 17 秒，翟志剛在太空邁出第一步，並向地面報告他的身體感覺良好。16 點 59 分，他結束太空行走，返回軌道艙。翟志剛圓滿完成中國首次空間出艙任務，成為第一位出艙活動的中國人。

「神舟五號」航天員楊利偉

翟志剛順利出艙

航天巾幗英雄

　　中國目前已有兩位女航天員進入太空。劉洋是中國首位升空女航天員，2012 年 6 月 16 日，她與景海鵬、劉旺組成飛行乘組，執行「神舟九號」飛船飛行任務。2013 年 6 月 11 日，另一位女航天員王亞平和聶海勝、張曉光乘「神舟十號」飛船進入太空，並完成太空授課。由於體能方面的差異，女航天員需要克服更多的困難，才能成功進入太空，完成飛行任務。

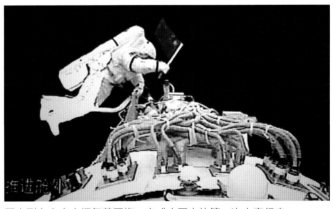

翟志剛在太空中揮舞著國旗，完成中國人的第一次太空行走。

王亞平在「天宮一號」上為全國中小學生授課，成為中國首位「太空教師」。

王亞平進行沙漠救生訓練

中國探月工程

　　中國探月工程又稱「嫦娥工程」，是探測、研究、開發和利用月球的系統工程，規劃實施分為「月球探測」「載人登月」和建設「月球基地」三個階段。第一階段「月球探測」分為「繞」「落」「回」三期，即「繞月探測」「落月探測」和「取樣返回」三期。「繞月探測」的目標是發射環繞月球南極、北極飛行的探測器，對月球進行全球性遙感探測；「落月探測」的目標是發射着陸探測器和月面巡視器軟着陸月面，開展着陸器的原位探測與月球車的巡視探測及相結合的聯合探測；「取樣返回」的目標是發射可以自動返回地球的採樣着陸器，開展月面探測，採樣後攜帶月球樣品返回地面，供科學研究。

「月球探測」階段

　　「月球探測」階段為無人月球探測，計劃用 15 年完成。一期工程「繞月探測」由「嫦娥一號」和「嫦娥二號」承擔。「嫦娥一號」於 2007 年 10 月 24 日發射，完成各項使命後按預定計劃受控撞月；「嫦娥二號」於 2010 年 10 月 1 日發射，圓滿並超額完成各項預定任務。二期工程「落月探測」由「嫦娥三號」和「嫦娥四號」承擔。「嫦娥三號」於 2013 年 12 月 2 日發射，成功軟着陸於月球表面並陸續開展「巡天」「觀地」「測月」等探測任務；「嫦娥四號」於 2018 年 12 月 8 日發射，實現人類首次月球背面軟着陸並開展月球背面就位探測及巡視探測。三期工程「取樣返回」將由「嫦娥五號」和「嫦娥六號」承擔。2014 年 10 月 28 日，再入返回飛行試驗器「小飛」成功返回地球；2020 年底，「嫦娥五號」發射升空，成功採得月球樣品。

① 一期工程「繞月探測」

● 發射繞月探測器
● 探測月球空間和月球表面環境
● 探測月球土壤成分與厚度分佈
● 探測月球地形地貌並獲取月球表面三維影像
● 探測撞擊坑的特徵與分佈
● 探測岩石成分、類型及分佈
● 探測月球上的有用資源成分和分佈特徵
● 對月球進行全球性、綜合性、系統性遙感探測

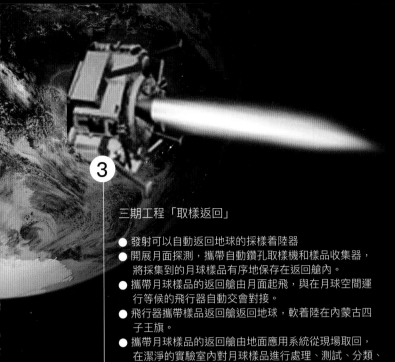

③

三期工程「取樣返回」

● 發射可以自動返回地球的採樣着陸器
● 開展月面探測，攜帶自動鑽孔取樣機和樣品收集器，將採集到的月球樣品有序地保存在返回艙內。
● 攜帶月球樣品的返回艙由月面起飛，與在月球空間運行等候的飛行器自動交會對接。
● 飛行器攜帶樣品返回艙返回地球，軟着陸在內蒙古四子王旗。
● 攜帶月球樣品的返回艙由地面應用系統從現場取回，在潔淨的實驗室內對月球樣品進行處理、測試、分類、分裝、分發和保存。

探月工程五大系統

中國探月工程標識	系統名稱	實施主體
  中国探月 CLEP	月球探測器系統	「嫦娥一號」探測器 「嫦娥二號」探測器 「嫦娥三號」探測器 「嫦娥四號」探測器 「嫦娥五號」探測器
	運載火箭系統	「長征三號」A 運載火箭 「長征三號」C 運載火箭 「長征三號」B 運載火箭 「長征五號」運載火箭
	發射場系統	西昌、文昌衛星發射場
	測控系統	航天測控網 (USB)+ 甚長基線射電干涉網 (VLBI)
	地面應用系統	探月工程地面應用系統

二期工程「落月探測」

● 發射着陸探測器和巡視探測器軟着陸月面
● 實施着陸器的原位探測與月球車的巡視探測及相結合的聯合探測
● 對着陸區進行精細的綜合性探測
● 開展「巡天」「觀地」「測月」等特色探測

②

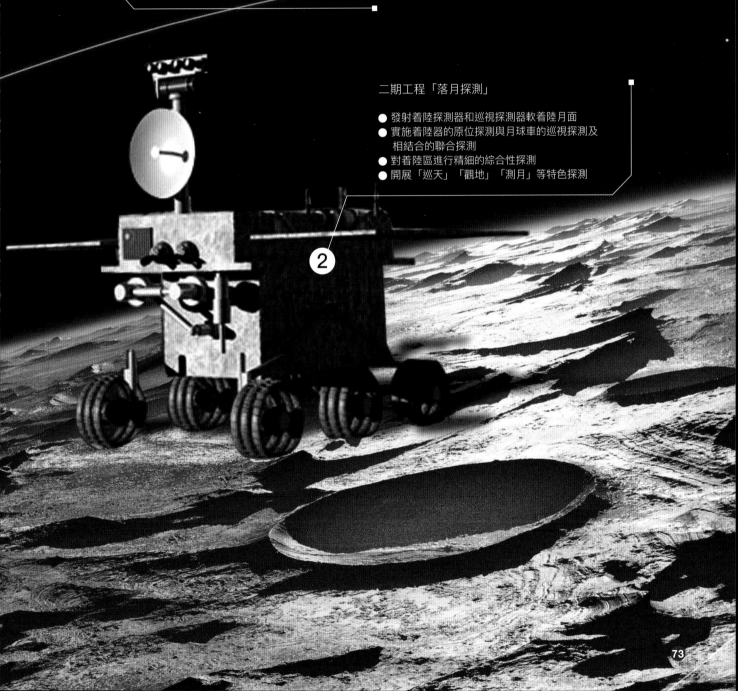

「嫦娥一號」繞月探測

　　「嫦娥一號」是中國第一個繞月探測器，於 2007 年 10 月 24 日發射，在離月球表面 200 公里高度的極月軌道上繞月球飛行，對月球進行了為期 16 個月的探測。2009 年 3 月 1 日，「嫦娥一號」完成使命，受控撞向月球豐富海，圓滿完成繞月探測任務。「嫦娥一號」取得了豐碩的科學成果，為中國執行未來的深空探測任務積累了豐富的經驗。

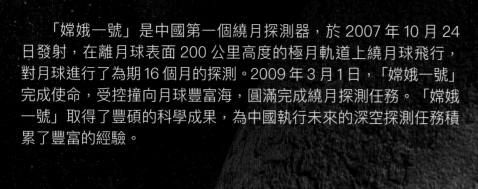

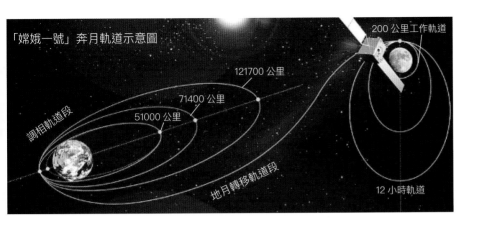

「嫦娥一號」奔月軌道示意圖

200 公里工作軌道

121700 公里

71400 公里

51000 公里

調相軌道段

地月轉移軌道段

12 小時軌道

「嫦娥一號」奔月軌道

2007 年 11 月 5 日 11 時 37 分，北京航天飛行控制中心對「嫦娥一號」探測器實施了第一次近月制動，順利完成第一次「太空刹車」動作。「嫦娥一號」成為中國第一顆月球衛星。「嫦娥一號」從地球到被月球「捕獲」，歷時 13 天 14 小時 19 分鐘，行程 206 萬公里。經軌道調整，「嫦娥一號」在距月面 200 公里的極軌圓軌道上運行。

2007 年 10 月 24 日，「嫦娥一號」在西昌衛星發射中心由「長征三號」A 運載火箭發射升空

「嫦娥一號」探測器

「嫦娥一號」探測器為 2.22 米 ×1.72 米 ×2.2 米的六面體，兩側各裝有一個展開式太陽電池翼，翼展最大跨度為 18 米，重量為 2350 公斤。「嫦娥一號」累計飛行 494 天，其中環月飛行 480 天，其間經歷了 3 次月食和 5 次正 / 側飛姿態轉換，共傳回 1.37TB 有效科學探測數據，達到工程目標和科學目標。

「嫦娥一號」有效載荷

「嫦娥一號」攜帶的科學儀器包括 CCD 立體相機、激光高度計、干涉成像光譜儀、γ/X 射線譜儀、微波探測儀、月球背面亮度溫度圖和月球兩極地面信息、太陽高能粒子探測器、太陽風離子探測器等。其中，CCD 立體相機用於拍攝全月面三維影像，成像光譜儀用於獲取月面光波圖譜，γ/X 射線譜儀用於探測月球表面元素，微波探測儀用於獲取月壤厚度數據。除此以外，月球背面亮度溫度圖和月球兩極地面信息也是世界首次在探月衛星上使用。

「嫦娥一號」的成果

「嫦娥一號」獲得全月球圖像，在幾何配準精度、數據完整性與一致性等方面達到國際先進水平。「嫦娥一號」獲得鈾、釷、鉀三種元素的全月球含量分佈圖，以及鎂、鋁、矽、鐵、鈦五種元素含量的局部分佈圖。「嫦娥一號」利用微波遙感技術探測月壤的特性，獲得全月球亮度溫度分佈圖，並反演月壤厚度與全月球氦 –3 資源的分佈與資源量。「嫦娥一號」還獲得了太陽高能粒子時空變化圖、太陽風離子能譜圖和時空變化圖等。

「嫦娥二號」繞月探測

　　「嫦娥二號」是中國第二個繞月探測器，也是中國探月工程二期的技術先導星，於 2010 年 10 月 1 日成功發射。「嫦娥一號」和「嫦娥二號」就像一對雙胞胎姐妹，「長」得幾乎一模一樣。「嫦娥二號」升空後，歷時 5 天到達月球，被月球「捕獲」後調整軌道，在距離月面 100 公里的極軌圓軌道上運行。「嫦娥二號」運行 8 個月，全面完成繞月科學探測任務，之後完成了「嫦娥二號」拓展探測任務。「嫦娥二號」獲得的全部科學探測數據，經網絡提供給世界相關科學家、研究院所、大學和企業等進行分析研究。

「嫦娥二號」有效載荷

　　「嫦娥二號」攜帶了 CCD 立體相機、γ 譜儀、太陽風離子探測器、太陽高能粒子探測器等 7 種科學載荷，獲取了高分辨率全月球影像、虹灣地區局部影像以及地月空間等約 6TB 原始數據。按照中國探月工程科學數據發佈政策，這些數據已被分級發佈給包括港澳在內的中國相關高校和科研院所，這將帶動中國月球和空間科學的深化研究科學數據的分析研究。

「嫦娥二號」拓展探測任務

　　「嫦娥二號」探測月球任務完成後，飛往距離地球 150 萬公里的日地拉格朗日 L2 點位置，探測太陽活動與爆發情況。「嫦娥二號」堅守崗位連續探測 235 天，積累記錄了最系統的太陽活動科學數據。之後，「嫦娥二號」飛往距離地球 700 萬公里的深空，與圖塔蒂斯小行星以 860 米的間距交會，首次探測到這顆小行星的形狀、表面特徵和運行速度。現在，「嫦娥二號」已成為一個圍繞太陽運行的人造小天體，翱翔在太陽系空間。

「嫦娥二號」的技術進步

　　「嫦娥二號」比「嫦娥一號」在許多方面都更先進。「嫦娥二號」比「嫦娥一號」飛得更快，僅用 5 天即到達目的地，比「嫦娥一號」少用了 9 天時間。「嫦娥二號」環月軌道高度為 100 公里，比「嫦娥一號」距月面近了 100 公里。「嫦娥二號」獲取的全月圖分辨率為 7 米，而「嫦娥一號」獲取的全月圖分辨率為 120 米。「嫦娥二號」還數次降入 100 公里 ×15 公里軌道，獲得了虹灣局部地區分辨率約為 1 米的立體圖像，可以看到直徑約 4 米的月坑和直徑約 3 米的石塊。

2010 年 10 月 1 日，「嫦娥二號」在西昌衛星發射中心由「長征三號」C 運載火箭發射升空。

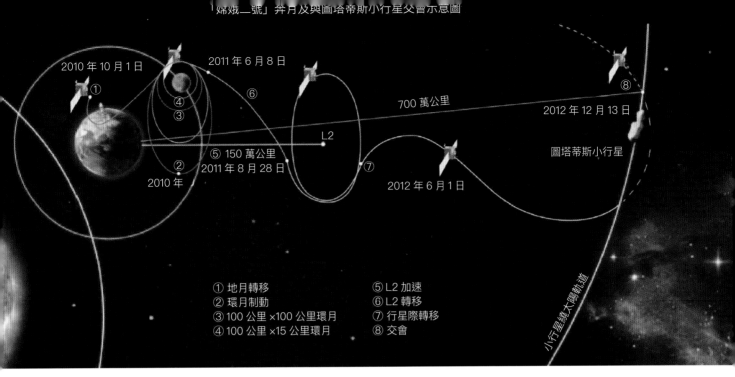

2010 年 10 月 1 日 ①

2011 年 6 月 8 日 ④ ③

2011 年 8 月 28 日 ⑤ 150 萬公里

2010 年 ②

700 萬公里

2012 年 12 月 13 日

圖塔蒂斯小行星

L2

2012 年 6 月 1 日 ⑦

⑧

小行星繞太陽軌道

① 地月轉移　⑤ L2 加速
② 環月制動　⑥ L2 轉移
③ 100 公里 ×100 公里環月　⑦ 行星際轉移
④ 100 公里 ×15 公里環月　⑧ 交會

第 4179 號小行星圖塔蒂斯是一顆小型近地小行星，被列入「潛在威脅小天體」行列。2012 年 12 月 12 日，「嫦娥二號」從距離圖塔蒂斯小行星 860 米處掠過，獲取了清晰的光學圖像。

月球虹灣地區影像圖

　　2010 年 11 月 23 日～ 25 日，「嫦娥二號」CCD 立體相機拍攝了月球虹灣地區，軌道高度約 100 公里。月球虹灣地區影像圖經輻射、幾何和光度校正後製作而成，空間分辨率約 7 米，由 25 軌圖像數據鑲嵌而成，覆蓋了整個虹灣地區。虹灣是雨海西北部一個半圓形的「海灣」，弧形的主體為侏羅山脈。「嫦娥二號」拍攝的月球虹灣地區的圖片非常清晰，是提供給「嫦娥三號」軟着陸用的高清地形偵察圖。

拉普拉斯海角

虹灣

拉普拉斯 A

赫拉克利德斯海角

雨海

7 米分辨率全月圖

　　2012 年 2 月 6 日，中國發佈了「嫦娥二號」繞月探測器 7 米分辨率全月球數字影像圖（簡稱全月圖）。探測器環繞月球一周所拍攝的影像圖稱為一軌數據圖。全月球影像圖是由「嫦娥二號」探測器 CCD 立體相機拍攝的 384 軌影像數據，經輻射校正、幾何校正和光度校正後鑲嵌製作而成，分辨率為 7 米。影像數據獲取於 2010 年 11 月 1 日至 2011 年 5 月 20 日，覆蓋全月球。

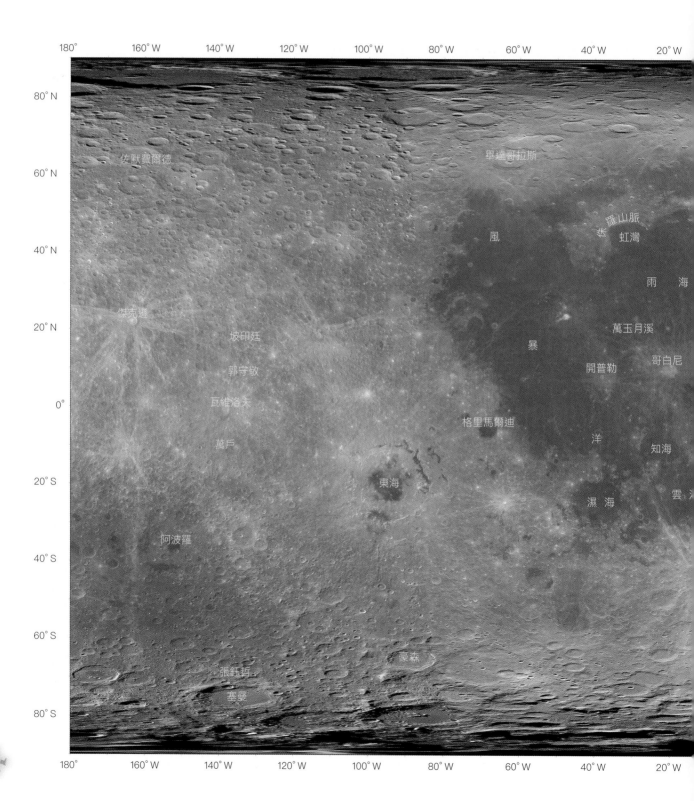

全月球 7 米分辨率數字影像圖中部為月球正面，兩側為月球背面。在空間分辨率、影像質量、數據一致性和完整性、鑲嵌精度等方面，全月圖優於國際同類全月球數字產品，是目前最高水平的全月球數字影像圖。

7 米分辨率全月圖採用簡單圓柱投影。按 300dpi 印刷質量標準打印，其比例尺可達 1：82677，圖幅高約 81 米，寬約 162 米。全月圖為 7 米分辨率數據按照 1：30 縮編後製作而成，其投影中心比例約為 1：240 萬，圖幅高 2.7 米，寬 5.4 米。

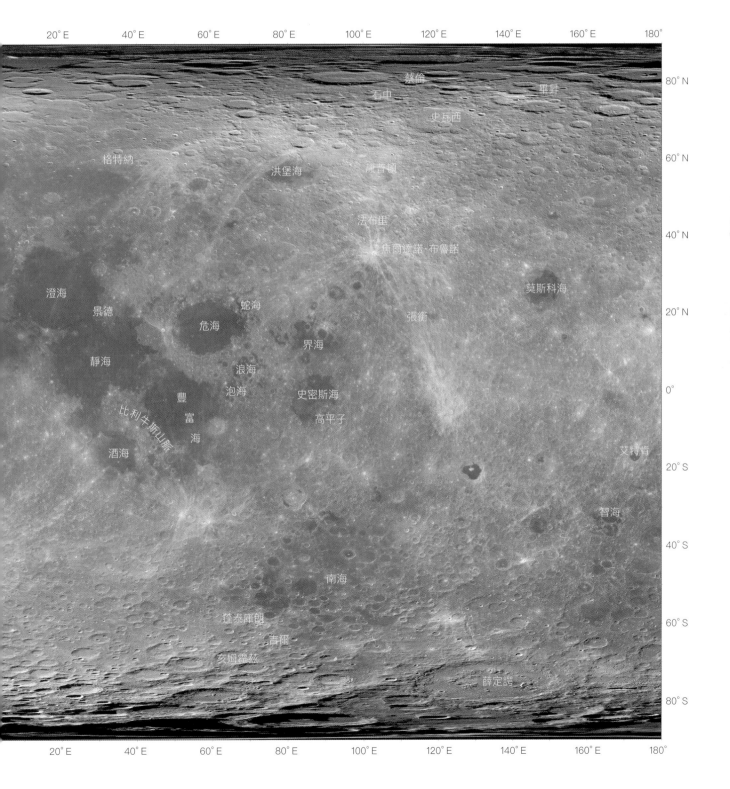

「嫦娥三號」落月探測

　　2013 年 12 月 2 日，「嫦娥三號」探測器發射升空。12 月 14 日，「嫦娥三號」成功軟着陸於月球雨海西北部虹灣。12 月 15 日，「嫦娥三號」完成着陸器、巡視器分離，並陸續開展「巡天」「觀地」「測月」等科學探測任務。「嫦娥三號」是中國第一個月球軟着陸的無人登月探測器，拍攝了大量清晰的月面照片，所獲數據和照片向全球免費開放共享。

「嫦娥三號」奔月軌道

　　「嫦娥三號」探測器發射升空後，在 30 多萬公里的奔月旅程中，由於受到入軌偏差、地月空間環境等因素的影響，需要擇機實施軌道中途修正，校正航向，以確保「嫦娥三號」順利抵達環月軌道。「嫦娥三號」經歷了發射及入軌、近月制動月球捕獲、軌道調整環月飛行、動力下降、軟着陸月面、着陸器與巡視器分離段和月面工作等階段，開始了月面探測活動。

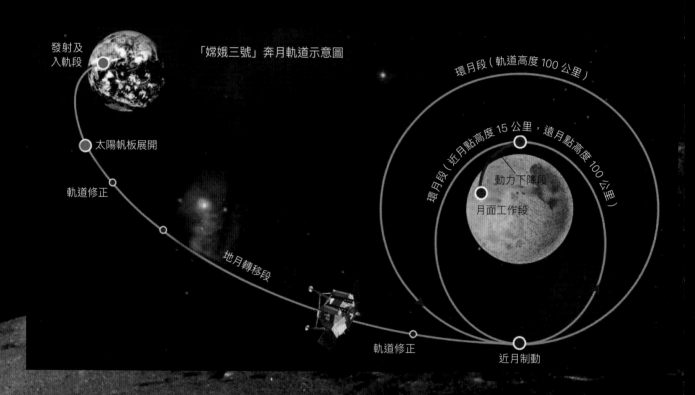

「嫦娥三號」奔月軌道示意圖

發射及入軌段

環月段（軌道高度 100 公里）

太陽帆板展開

橢月段（近月點高度 15 公里，遠月點高度 100 公里）

軌道修正

動力下降段

月面工作段

地月轉移段

軌道修正

近月制動

2013 年 12 月 2 日，「嫦娥三號」探測器在西昌衛星發射中心由「長征三號」B 運載火箭送入太空。

「嫦娥三號」有效載荷

　　「嫦娥三號」由着陸探測器和月面巡視器組成。
着陸器載有全景相機、近紫外光學望遠鏡、極紫外對
地球觀測照相機等，其中近紫外光學望遠鏡第一次在
月球背面進行巡天天文觀測。巡視器載有粒子激發 X
射線譜儀和紅外光譜儀、測月雷達、全景相機等，其
中測月雷達首次實現在巡視路線過程中探測淺表層的
地質結構。

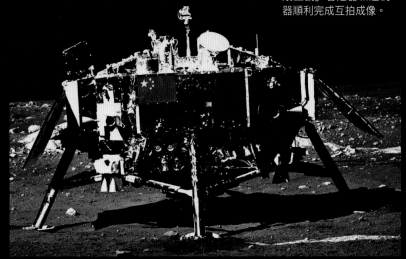

「玉兔一號」巡視器

　　「嫦娥三號」月面巡視器又稱「玉兔一號」月球
車。巡視器為箱形結構，箱體兩側各有一個太陽電池
翼，可將太陽光能轉為電能，還能疊起來扣在箱體上。
箱體內設置有原子能電池提供熱源，作為月夜休眠時
的保溫蓋。箱體四周有導航相機、全景相機、定向天
線、紅外成像光譜儀、粒子激發 X 射線譜儀、測月
雷達、避障相機、機械臂等。巡視器腳踩六個「風火
輪」，可前進、後退、轉彎和爬坡，平路直線移動的
最快速度約 200 米 / 小時，能夠在着陸器 5 公里半
徑範圍內活動。

「玉兔一號」巡視器

「嫦娥三號」拍攝的月面照片

攻下高温高寒難關

　　月球表面光照變化大，晝夜溫差超過 300℃，
白晝時溫度高達 120℃，黑夜時溫度急劇下降
到 −180℃。月球上的一個夜晚相當於地球上的 14
天，「嫦娥三號」面臨着月晝高温下的熱排散問題
和月夜高寒時如何保證「正常體温」的問題。為了
應對如此惡劣的環境，「嫦娥三號」採用全球首創
的熱控兩相流體回路和可變熱導熱管技術，月夜生
存採用核電源，攻克月面生存的難題。

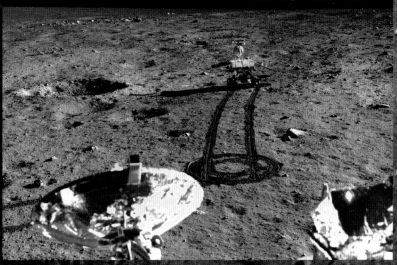

「嫦娥三號」軟着陸月面

　　「嫦娥一號」和「嫦娥二號」都是環繞月球飛行，從外圍端詳月球容貌，而「嫦娥三號」是真正軟着陸到月面上「登門拜訪」的。月面軟着陸是人類探月歷程中的一個「大台階」，其中的關鍵技術是「太空刹車減速」。如果「刹車」減速過猛，探測器會一頭撞向月球，變成硬着陸；如果「刹車」減速不足，探測器會與月球擦肩而過，進入環繞太陽飛行的軌道。軟着陸技術是航天員登陸月球並返回地球必不可少的技術基礎。

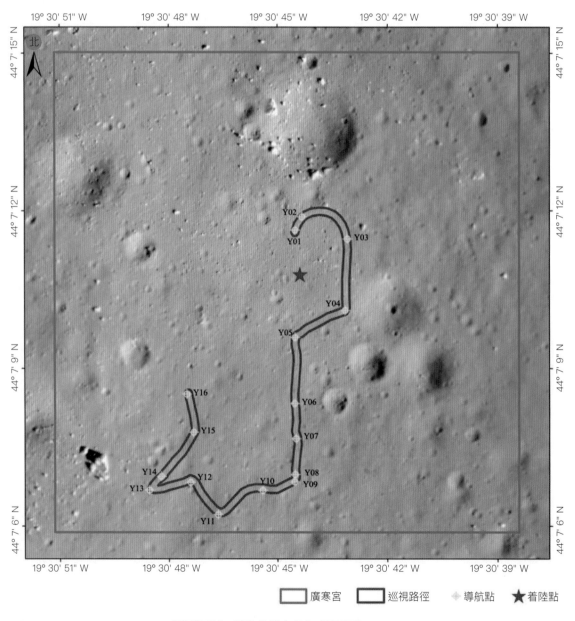

「嫦娥三號」着陸位置命名為「廣寒宮」

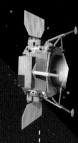

主減速段
利用 7500 牛變推力發動機進行制動，
將探測器的速度降至 57 米／秒；採
用慣性導航並引入激光、微波測距和
測速信息進行修正。

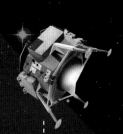

快速調整段
發動機維持一定推力，
高度下降 600 米。

距月球表面 15 公里

接近段
發動機維持一定推力，通過光學成像敏
感器對着陸區進行監測，確定安全着陸
區並避障。

距月球表面 3 公里

距月球表面 2.4 公里

懸停段
着陸器在懸停點移動，拍攝了 3764
張月面地形圖，着陸器智能選擇安全
着陸位置。

緩速下降段
發動機維持一定推力緩慢下
降，降至距月面 4 米附近時
發動機關閉，着陸器依靠自身
重力在月面軟着陸。

距月球表面 100 米

着陸點命名「廣寒宮」

　　2015 年 10 月 5 日，國際天文聯合會批
准將標記中國「嫦娥三號」探測器首次在月
球上實現軟着陸的位置命名為「廣寒宮」。
圍繞廣寒宮的三個大型撞擊坑，以中國古代
星空體系中的紫微、太微、天市三垣命名。
「廣寒宮」是中國古代神話傳說中位於月球的
宮殿，傳說月球的居民有太陰星君、月神、
月光娘娘、吳剛、嫦娥、玉兔，後人將嫦娥
奔月後居住的屋舍命名為廣寒宮。

距月球表面 30 米

採取「着陸腿」方式實現軟着陸

「嫦娥四號」落月探測

2018 年 5 月 21 日，「嫦娥四號」中繼星「鵲橋」發射升空。2018 年 12 月 8 日，「嫦娥四號」探測器發射升空。隨後「嫦娥四號」經歷了地月轉移、近月制動、環月飛行，最終實現人類首次月球背面軟着陸，開展月球背面就位探測及巡視探測。通過實施「嫦娥四號」任務，中國實現了第一次人類探測器在月球背面的軟着陸，第一次人類航天器在地月拉格朗日 L2 點對地對月中繼通信。「嫦娥四號」的科學任務主要是開展月球背面低頻射電天文觀測與研究，開展月球背面巡視區形貌、礦物組份及月表淺層結構探測與研究，試驗性開展月球背面中子輻射劑量、中性原子等月球環境探測研究。

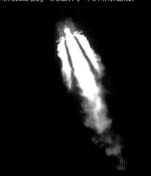

「嫦娥四號」開啟月球探測之旅

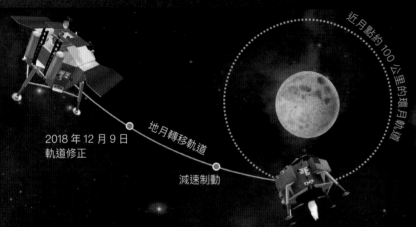

近月點約 100 公里的環月軌道

2018 年 12 月 9 日
軌道修正

地月轉移軌道

減速制動

「嫦娥四號」奔月軌道示意圖

2018 年 12 月 12 日 16 時 45 分
近月制動

「嫦娥四號」環月飛行

2018 年 12 月 8 日，「長征三號」B 運載火箭拔地而起，托舉着「嫦娥四號」探測器奔向太空。火箭飛行約 20 分鐘後器箭分離，「嫦娥四號」被準確送入地月轉移軌道。12 月 12 日，「嫦娥四號」經過約 110 小時的奔月飛行，到達月球附近，成功實施近月制動，順利完成「太空剎車」，被月球捕獲，進入近月點約 100 公里的環月軌道。12 月 21 日，「嫦娥四號」在環月過程中與中繼星「鵲橋」建立連接，開始進行在軌信號測試。

「玉兔二號」巡視器

2019 年 1 月 3 日，「嫦娥四號」成功着陸在月球背面南極艾特肯盆地馮‧卡門撞擊坑的預選着陸區，着陸器與巡視器順利分離，「玉兔二號」巡視器駛抵月球表面。第二天，「玉兔二號」巡視器與中繼星「鵲橋」成功建立獨立數傳鏈路，完成環境感知與路徑規劃，並按計劃在月面行走到達 A 點，開展科學探測。着陸器地形地貌相機拍攝了「玉兔二號」在 A 點的影像圖。

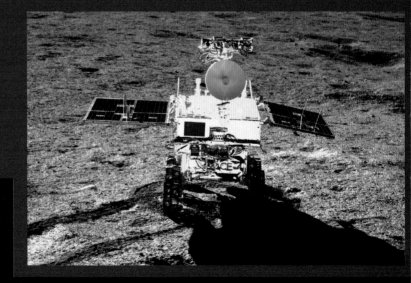

「玉兔二號」與「玉兔一號」非常相似，但比「玉兔一號」更輕盈、更自主、更健壯、更可靠，希望它可以在月球上走得更遠。

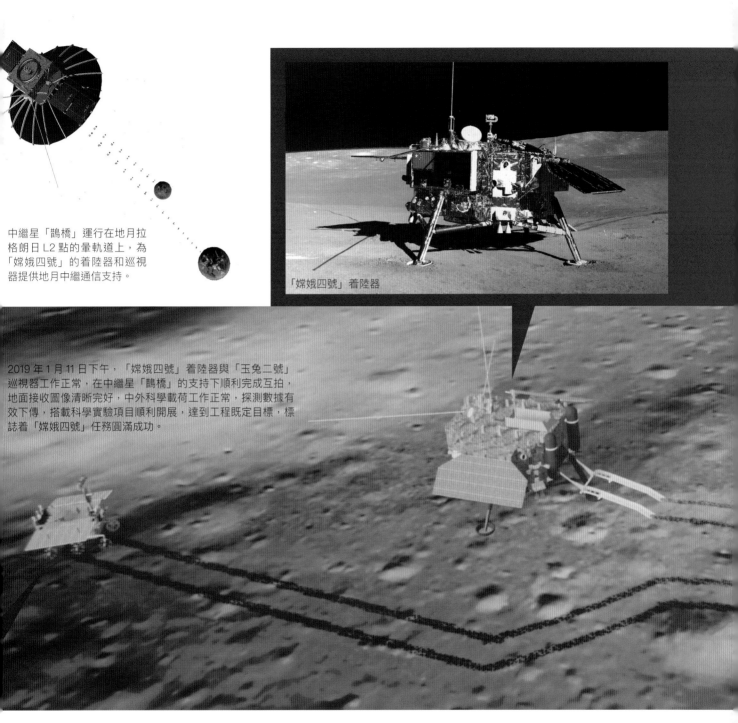

中繼星「鵲橋」運行在地月拉格朗日 L2 點的暈軌道上，為「嫦娥四號」的着陸器和巡視器提供地月中繼通信支持。

「嫦娥四號」着陸器

2019 年 1 月 11 日下午，「嫦娥四號」着陸器與「玉兔二號」巡視器工作正常，在中繼星「鵲橋」的支持下順利完成互拍，地面接收圖像清晰完好，中外科學載荷工作正常，探測數據有效下傳，搭載科學實驗項目順利開展，達到工程既定目標，標誌着「嫦娥四號」任務圓滿成功。

「嫦娥四號」探測器

　　「嫦娥四號」探測器是「嫦娥三號」的備份，兩者的設計幾乎一模一樣。「嫦娥三號」完成落月任務後，「嫦娥四號」新的使命是探測月球背面。「嫦娥四號」由中繼星、着陸器和巡視器組成，中繼星與着陸器、巡視器組合體分兩次發射。着陸器與巡視器組成的「着巡組合體」發射質量約 3780 公斤，它們一起降落月面，隨後釋放巡視器。着陸器和巡視器已經在月面生存 700 多個地球日，成為世界上在月球表面工作時間最長的人類探測器。着陸器和巡視器基本繼承了「嫦娥三號」的狀態，並根據新的任務需求進行了適應性更改。「嫦娥四號」除了太陽能板之外，還帶了一塊「核電池」，可以在夜晚時進行一些科研觀測，而不必像「嫦娥三號」那樣一到晚上就要「睡覺」。

「嫦娥四號」有效載荷

　　「嫦娥四號」探測器配置了 9 台科學載荷，包括 6 台國內研製載荷和 3 台國際合作載荷。其中着陸器配置了國內研製的降落相機、地形地貌相機、低頻射電頻譜儀以及與德國合作研製的月表中子與輻射劑量探測儀。巡視器配置了國內研製的全景相機、紅外成像光譜儀、測月雷達以及與瑞典合作研製的中性原子分析儀。中繼星配置了與荷蘭合作研製的低頻射電探測儀，用於探測來自太陽系內天體和銀河系的 0.1 ～ 80 兆赫低頻射電輻射，可為未來太陽系外的行星射電探測提供重要的參考依據。

月球環拍影像圖

　　「嫦娥四號」着陸器和巡視器攜帶了降落相機、地形地貌相機等 10 台相機，這些相機有着不同的作用。全景地形地貌相機安裝在「嫦娥四號」着陸器頂部桅杆上，像自拍杆一樣。2019 年 1 月 11 日，「嫦娥四號」着陸器工作正常，地形地貌相機順利完成 360 度環拍。科研人員根據中繼星「鵲橋」傳回的數據，製作了清晰的環拍影像圖，並對着陸點周圍月球表面地形地貌進行了初步分析。

「嫦娥四號」地形地貌全景相機

2019 年 2 月 11 日 19 時，「嫦娥四號」着陸器完成月夜設置，進入休眠模式。

「嫦娥四號」着陸器地形地貌相機環拍全景圖（投影）

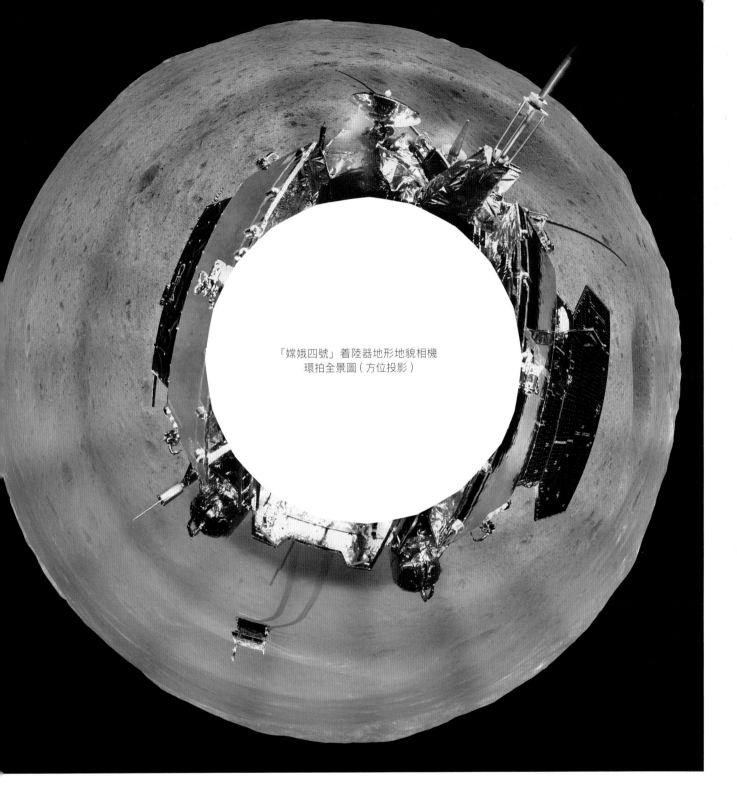

「嫦娥四號」着陸器地形地貌相機
環拍全景圖（方位投影）

「嫦娥四號」月球着陸點

2019 年 2 月 4 日，國際天文學聯合會批准了「嫦娥四號」月球着陸點及其附近 5 個月球地理實體命名，將「嫦娥四號」着陸點命名為「天河基地」，將着陸點周圍呈三角形排列的三個環形坑分別命名為「織女」「河鼓」「天津」，將着陸點所在馮・卡門坑內的中央峰命名為五嶽之首的「泰山」。

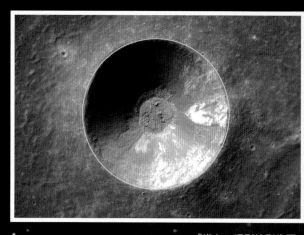

「織女」環形坑影像圖

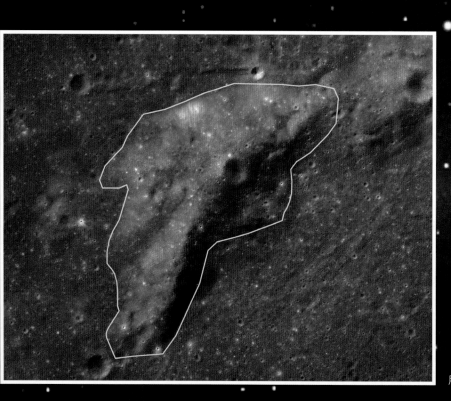

月球背面「泰山」影像圖

國際天文聯合會批准的 5 個「嫦娥四號」着陸點及其附近地理實體名稱					
地名	中文名	地名類型	中心經度	中心緯度	直徑（公里）
Station Tianhe	天河基地	着陸點名稱	177.60° E	45.45° S	0.01
Zhinyu	織女	環形坑	176.15° E	45.34° S	3.8
Hegu	河鼓	環形坑	177.57° E	46.30° S	2.2
Tianjin	天津	環形坑	178.81° E	44.93° S	3.9
Mons Tai	泰山	山	175.83° E	44.56° S	24

天河基地

　　中國古代稱銀河為天河。將「嫦娥四號」月球着陸點命名為「天河基地」，寓意「開創天之先河」，即實現世界第一次月球背面軟着陸及巡視勘察開創了人類月球探測歷史上的先河。「織女」「河鼓」「天津」均為中國古代天文星圖中的星官。三個星官分別位於現代星座劃分的天琴座、天鷹座、天鵝座，三個星座所包含最亮的恆星分別為織女一（俗稱織女星）、河鼓二（俗稱牛郎星）和天津四，這三顆明亮的恆星構成了著名的「夏季大三角」。「天河」「織女」「河鼓」和「天津」這四個名稱與中繼星「鵲橋」名稱相呼應，組成了高度關聯、內涵豐富、情節完整的名稱體系。

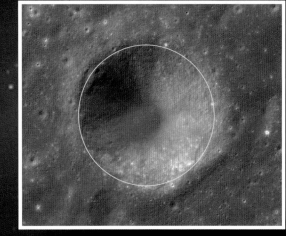

「天津」環形坑影像圖

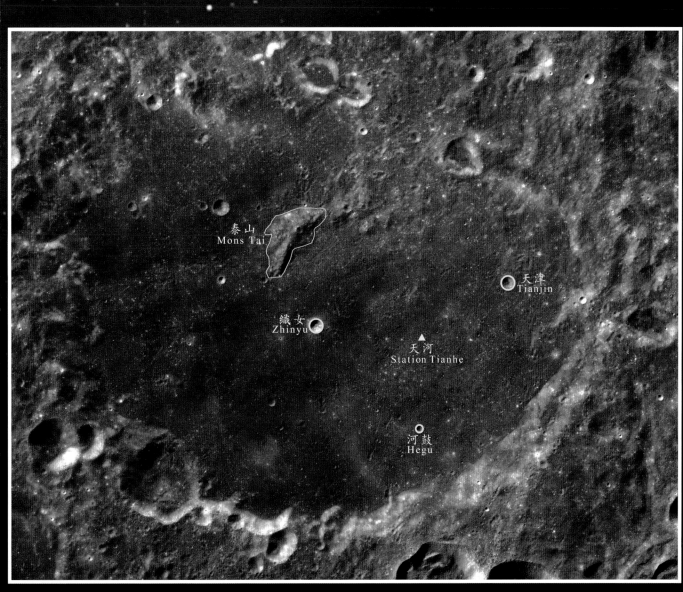

「嫦娥四號」月球着陸點

「小飛」返回

　　「嫦娥五號」是中國探月工程正在研製的月面取樣返回無人探測器。「嫦娥五號」任務面臨着取樣、上升、對接和高速再入四個主要技術難題。取樣、上升、對接可以在地面上進行模擬試驗，只有高速再入——從月球軌道返回地球無法在地面上模擬。2014年10月24日，為「嫦娥五號」回家探路的再入返回飛行試驗器「小飛」，在西昌衛星發射中心由「長征三號」C運載火箭發射升空。

「嫦娥五號」探測器

　　「嫦娥五號」探測器由軌道器、返回器、着陸器、上升器四部分組成，分別承擔不同的任務。 2020年11月24日，探測器由「長征五號」遙五運載火箭發射升空，順利進入預定軌道。 12月1日，着陸器在月面軟着陸。 12月2日，着陸器和上升器組合體完成了月球鑽取採樣及封裝。 12月3日，上升器成功與軌道器和返回器組合體交會對接，並將樣品容器安全轉移至返回器中。 12月6日，「嫦娥五號」軌道器與返回器組合體與上升器成功分離，進入環月等待階段，準備擇機返回地球。

　　2020年12月17日，「嫦娥五號」順利返回地球，成功降落於內蒙古四子王旗着陸場。「嫦娥五號」探月任務取得圓滿成功。

「小飛」返回艙為甚麼做成這種形狀？

　　「小飛」返回艙在返回大氣層時受到氣動作用，會產生各種各樣的力和力矩。氣動專家做了很複雜的計算，進行了大量的風洞試驗，最後根據這些試驗數據，選擇了「鐘鼎」作為返回艙的外形設計。它的外形很像飛船返回艙，只是小一些，其形態能夠保證返回艙的穩定性。

經過兩次漂亮的彈跳，「小飛」於2014年11月1日在內蒙古四子王旗預定區域成功著陸，為確保「嫦娥五號」任務順利實施奠定了堅實的基礎。

「嫦娥五號」的探路兵

「小飛」由「大塊頭」的服務艙和「小個子」的返回器組成。在8天的地月之旅中，絕大部分時間裏，服務艙像個「超級的士」載着返回艙前進。只有在最後40多分鐘的行程中，返回器與服務艙分離，獨自再入地球大氣層，返回地球。「超級的哥」一路上不僅要「開車」，還負責給返回艙供電、供暖，提供數據傳輸和通訊保障等。分離的時候，艙器之間的4個爆炸螺栓同時炸開，服務艙用力把返回艙推到再入返回走廊。

再入返回飛行試驗

2014年10月28日，再入返回飛行試驗器「小飛」完成月球近旁轉向飛行，離開月球引力場，進入月地轉移軌道，返回器於11月1日成功返回地球。整個飛行過程為8天，經歷發射、地月轉移、月球近旁轉向、月地轉移、再入返回、著陸回收6個階段，主要目的是突破探月航天器再入返回的關鍵技術，為「嫦娥五號」任務提供技術支持。

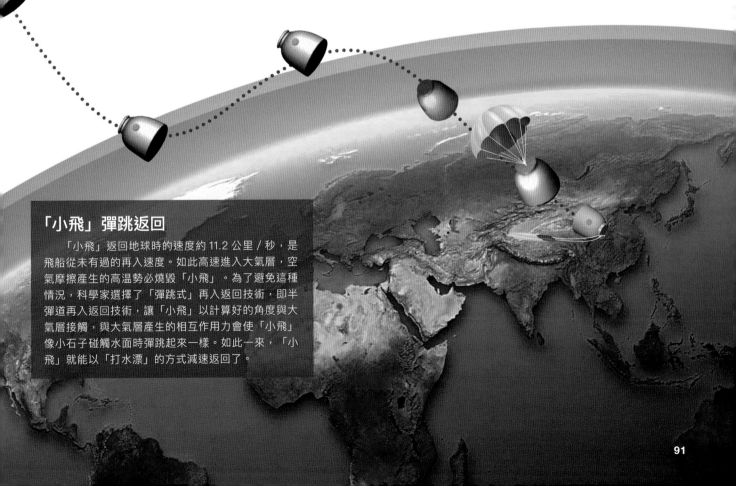

「小飛」彈跳返回

「小飛」返回地球時的速度約11.2公里／秒，是飛船從未有過的再入速度。如此高速進入大氣層，空氣摩擦產生的高溫勢必燒毀「小飛」。為了避免這種情況，科學家選擇了「彈跳式」再入返回技術，即半彈道再入返回技術，讓「小飛」以計算好的角度與大氣層接觸，與大氣層產生的相互作用力會使「小飛」像小石子碰觸水面時彈跳起來一樣。如此一來，「小飛」就能以「打水漂」的方式減速返回了。

探月工程地面應用系統

地面應用系統是中國探月工程的五大系統之一，負責牽頭制定科學目標和科學任務，是各類月球探測器業務運行的指揮管理中心及科學探測數據的接收、處理和管理中心，也是組織開展科學研究與應用的中心。探月工程地面應用系統就像「數據大管家」一樣，探月工程的所有數據都集中在這裏。

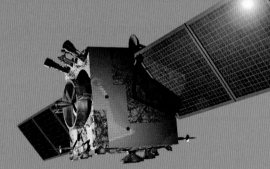

地面應用系統的組成

探月工程地面應用系統由5個分系統組成，包括運行管理分系統、數據接收分系統、數據預處理分系統、數據管理分系統、科學應用與研究分系統。探月工程的科學探測數據由北京密雲地面站和昆明地面站同時接收，由北京地面應用系統數據處理中心進行數據的落地存儲、預處理、分類歸檔和備份，根據需要由地面應用系統無償提供給國內各相關研究機構進行應用研究。一年後，全部科學探測數據由地面應用系統在中國月球探測地面應用系統網站發佈，供國內外科學家直接下載使用。

地面應用系統的主要任務

探月工程地面應用系統的主要任務是：制定科學探測計劃，運行管理有效載荷，接收、處理、管理與發佈探測數據，組織開展科學應用研究。在月球探測器發射之後，地面應用系統就進入一個長期管理階段，地面應用系統的科技人員必須實行「月出而作，月落而息」的「月光作息」。

國家天文台北京密雲站建有直徑50米的射電望遠鏡，其鍋狀天線展開面積相當於6個籃球場大小。它的天線高56米，總重680噸，由結構、饋源和伺服控制三部分組成。這座望遠鏡裝備有相應的數據接收設備、記錄設備、時頻設備和精密測軌的甚長基線干涉測量終端等。

北京密雲地面站的科技人員正在接收和處理「嫦娥三號」科學探測數據

中國月球探測工程的科學探測數據由北京密雲地面站直徑 50 米的射電望遠鏡和昆明地面站直徑 40 米的射電望遠鏡同時接收，由北京地面應用系統數據處理中心進行落地存儲、預處理、分類歸檔和備份。

雲南天文台昆明站建有直徑 40 米的射電望遠鏡，其鍋狀天線展開面積相當於 4 個籃球場大小。這座望遠鏡由天線結構系統、射頻饋電系統、伺服控制系統三部分組成，其主要任務是負責月球探測器下行科學數據接收，並參與完成對繞月探測器的精密測軌。

奇遇怪問　甚麼是「遙科學」？

月球表面環境對人類而言是一個未知世界，我們無法像在地球上一樣利用精密儀器設備對它進行直接測量。「嫦娥三號」着陸器和巡視器上共搭載了 8 台科學儀器。通過「遙科學」技術，月球科學家和工程技術人員在地面對距離我們約 38 萬公里之外的儀器設備進行遠程交互操作，完成「嫦娥三號」任務的科學目標。「遙科學」是一種技術手段，是實現地面對月表的各種科學儀器進行遠程控制，以及天地協同工作的關鍵途徑。為保障「嫦娥三號」任務的順利實施，地面應用系統設立了遙科學探測分析系統，還建設了專門的遙科學試驗室。

「月宮一號」

　　「月宮一號」的全稱是「空間基地生物再生生命保障地基綜合實驗裝置」，這項技術最早將用在月球基地，為交流方便簡稱「月宮一號」。建設它的目的是探索人類在太空如何自給自足，獲得長期生活所必需的氧氣、食物和水。「月宮一號」把生物技術與工程控制技術有機結合，構建了一個由植物、動物、微生物組成的類似地球生態環境的人工閉合生態系統。人類生存所必需的氧氣、水和食物等物質，都可以在系統內循環再生。

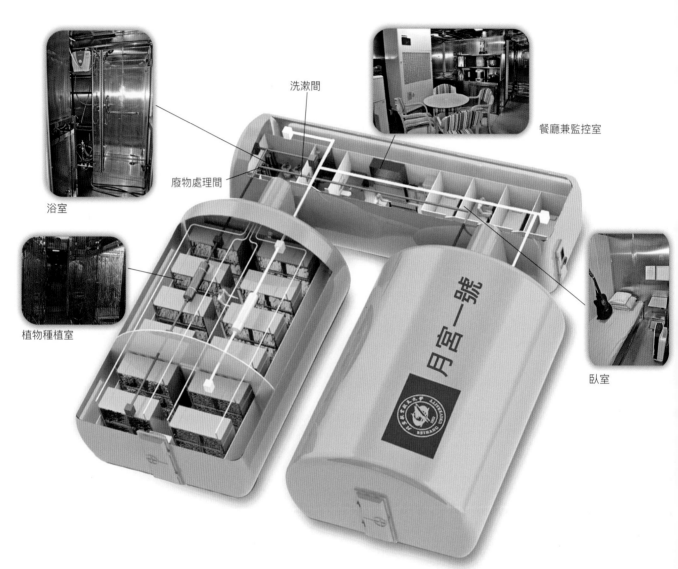

浴室

廢物處理間

洗漱間

餐廳兼監控室

植物種植室

月宮一號

臥室

人造生態小環境

　　「月宮一號」一期由一個綜合艙和一個植物艙組成，總面積100平方米，總體積約300立方米，可以為3人提供生命保障需求。實驗期間兩個艙完全密封，與外界不發生氣體交換。綜合艙面積42平方米，包括居住間、人員交流和工作間、洗漱間、廢物處理和昆蟲間。植物艙面積58平方米，植物分為三層立體栽培，種植面積69平方米，分隔為兩個植物間，可以根據不同植物生長需要獨立控制環境條件。

微型生物圈

　　綜合艙裏人、動物和廢物處理產生的富二氧化碳空氣，經過淨化後送達植物艙，供植物光合作用；植物艙產生的富氧空氣，經空氣淨化後送到綜合艙供人和動物呼吸，並提供廢物處理所需的氧氣。植物艙中植物蒸騰作用產生的冷凝水通過淨化後，一部分由系統補充微量元素後送到綜合艙，滿足人的生活需求，其餘與淨化後的生活廢水和尿液一起用於植物栽培。秸稈等植物不可食部分與糞便、食物殘渣等廢物經過生物技術處理，可被製成土壤及肥料，循環用於植物栽培。由此，「月宮一號」裏形成了一個閉環迴路的生命保障系統。

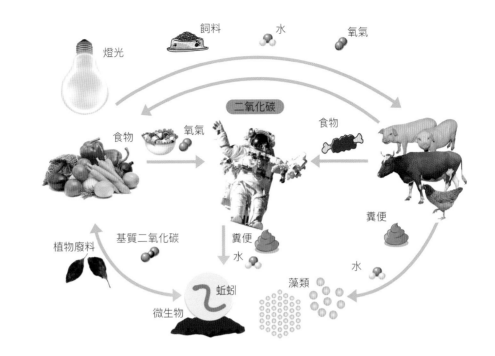

水的循環與供給

　　「月宮一號」內植物的生長及動物和人的日常生活，會通過蒸騰或蒸發等作用產生水蒸氣。空調或除濕機把水蒸氣轉化為冷凝水，使「月宮一號」每天可以得到 300 升冷凝水。淨化後的水一部用於人的生活用水，另一部分與淨化後的生活污水及尿液一起用於植物栽培。3 個人一天需要用水約 75 升，因此，「月宮一號」內的生活用水綽綽有餘。2014 年 2 月 3 日，「月宮一號」封艙時，艙內以各種形態存在的水約 2.5 噸。在為期 105 天的實驗中，艙內的植物、動物和 3 名實驗者的用水全靠這些水的循環再生供給。

自給自足的食物

　　植物艙裏種植了小麥、大豆、花生、油莎豆和玉米 5 種糧食作物，還種了胡蘿蔔、豇豆、四季豆、紫葉油菜、紫葉生菜、茼蒿等 15 種蔬菜和水果草莓。由於大型動物存在很大的環境污染問題和心理問題，因此「月宮一號」選擇了黃粉蟲作為動物蛋白的來源。乘員們在綜合艙用不可食用的植物飼養黃粉蟲。這些肉蟲可以焙乾食用，味道像薯條，也可以將肉蟲磨成粉攪拌在麵粉裏，做成饅頭、烙餅等。「月宮一號」裏的美食有包子、饅頭、水餃及各種蔬菜，乘員們每天的飲食有精準的營養搭配。

黃粉蟲是極佳的美味食物，能為人體補充動物蛋白。

小麥種植面積 40 平方米，分 10 批播種，每 7 天有一批麥子成熟，可做成各種食品，供 3 人食用一週。

2014 年 2 月 3 日至 5 月 20 日，3 名乘員在「月宮一號」密閉環境中種植糧食和蔬菜，飼養動物，處理固體廢物，循環處理利用水，自給自足工作、生活了 105 天，完成了中國第一次長期高閉合度集成實驗。

「月宮一號」的意義

　　「月宮一號」是中國第一個、世界第三個生物再生生命保障地基有人綜合密閉實驗系統。通過實驗，「月宮一號」實現了在系統內循環再生氧氣、水和食物的目標，實驗系統的總閉合度達到了 97%，對保障中國載人登月、月球基地及火星探測等航天計劃的順利進行、保障航天員生命安全和生活質量具有重大意義。

本書編委會與特別致謝

編輯委員會